KB150482

주차
설계론

Empfehlungen für Anlagen des ruhenden Verkehrs

FGSV 지음 | **이선하** 옮김

청문각

역자 머리말

2013년 기준 우리나라 자동차 수는 1,940만 대로서 2,000만 대 돌파를 눈앞에 두고 있으며, 최근에도 연평균 2.5%의 증가 추세에 있다. 서울시의 경우 승용차의 하루 평균 운행시간은 약 90분으로, 이는 하루 중 22시간이 넘게 주차되고 있는 것이다. 전국의 자동차가 필요한 주차면적은 차량당 25~30 m²를 기준으로 600 km²로서 이는 서울시 전체 면적에 달한다.

우리나라 기존 도시 대부분이 자동차가 생활화되기 이전부터 형성되어 주차에 필요한 공간을 확보하기가 어려우며, 새로이 개발되는 신도시마저도 주차문제가 주민의 최대 민원사항으로 간주되고 있다. 따라서 승용차 증가에 따른 주차장을 지속적으로 확보하는 것도 중요하지만 도시구조상 정확한 주차수요를 추정하고, 이를 효율적으로 운영하기 위한 방안이 필요하다. 예를 들어, CBD 지역 등 대중교통 연계가 양호한 지역의 경우 대중교통 수단분담율과 연계한 주차수요 추정이 필요하며, 가용한 건축물, 노상, 노외주차장 등 주차공급과 주차수요를 상호 피드백하여 시뮬레이션할 수 있는 주차수급시스템 구축이 필요하다.

이를 위해서는 가장 먼저 주차와 관련된 의외로 복잡한 주차 행태를 이해할 필요성이 있다. 주차는 단순히 토지이용별 주차원 단위에 의한 주차공급기준이 아닌 건축물의 입지별, 종류별, 이용객별, 주차시간대별 다양한 요소에 의한 복잡한 메커니즘을 갖고 있음을 이해해야 한다.

또한 주차시설 설계에 있어서도 설계기준 차종별 회전반경을 고려한 주차 및 램프 동선, 노상과 노외주차장에 대하여 공급 가능한 면적에 이용객의 편의를 고려하면서도 최대한 주차면수를 많이 확보하는 주차동선이나 주차 각등 기술적인 지침이 필요하다. 자전거 및 모터사이클 등 주륜시설에 대한 주차면 제원 및 설계방안도 체계화되어야 한다.

아울러 보다 밀집된 주차시설 확충을 위한 기계식과 자동식 주차시스템의 설계와 지침이 필요하며, 아직까지 국내에서는 도시망 차원에서 활성화되지 못하고 있는 주차안내시스템에 대한 구축방안이 제시되어야 한다.

이 책은 이러한 측면을 고려하여 국내 주차시설관련 규정과 지침인 국토교통부의 주차장법과 관련 시행령, 시행규칙 등을 보완하기 위하여 2012년 독일에서 발간된 '주차시설 지침서 (EAR: Empfehlungen für Anlagen des Ruhenden Verkehrs)'를 번역한 것이다.

이 책의 구성은 1장에서 주차시설 지침과 관련되는 'P+R 지침서', '도로휴게소 지침서' 등 관련 지침과의 연계성을 검토한 후, 2장에서 주차공간계획과 관련된 영향요소, 요구사항, 입지조건과 주차공간계획의 구축과정이 설명된다. 3장에서는 주차공간 수요추정을 위한 영향권 설정, 공급규모 산출, 주차수요 예측 및 주차수급 비교와 공급계획을 상세히 다룬다. 4장 주차면 설계에서는 주차장 건축계획을 위한 관련 자료를 포함한 기본계획, 교통수단별 주차장 기하구조, 노상주차와 하역공간, 노외주차장과 건축물 부설 주차장의 설치요령이 제시되었다. 5장에서는 주차시설 관련 포장, 배수, 안전 규정 등 제반사항이, 6장에서는 주차안내시스템, 징수와 통제 및 안내표지 등의 주차시설 이용과 운영방안이 제시되었다. 부록에는 주차수요 추정방법, 거주자 전용 주차, 주차안내시스템을 비롯한 주차시설 관련 주요 내용에 대한 세부적인 지침이 포함되었다.

이 책은 교통과 주차분야에서 학업, 연구, 실무를 수행하는 도시, 건축, 교통, 도로부문 설계, 시공 등 전문가와 공무원그룹 및 교통전공 분야 학생을 대상으로 하고 있다.

마지막으로 국제 교류 차원에서 이 책이 번역되어 출판될 수 있도록 허가해 주신 독일 도로교통연구원(FGSV: Die Forschungsgesellschaft für Strassenund Verkehrswesen)의 Dr.-Ing. Rohleder 원장님과 FGSV 출판사의 Höller 사장님께 감사의 말씀을 드린다.

2014.8.

이 선 하

차 례
Contents

Chapter

01

개 요

주차시설에는 공공 도로의 주차공간, 공공적으로 접근 가능한 주차장, 주차 건물 및 차량 주차가 이루어지는 사유 면적이나 시설이 해당된다. 차량은 모터사이클, 승용차, 화물차와 버스를 의미한다. 주차시설에는 자전거 거치시설도 포함된다.

주차시설은 도시와 지역의 개발과 구조에 영향을 미치게 된다. 주차공간 확보의 종류와 방법은 토지이용, 통행목적과 교통수단의 선택, 도로망의 교통흐름과 도시공간 구성에 큰 영향을 미친다. 따라서 주차공간계획은 도시개발계획의 복합적인 구성요소가 된다.

독일의 '주차시설 지침서(Empfehlungen für Anlagen des Ruhenden Verkehrs, EAR)'는 도로공간, 주차장, 주차 건물과 물류시설의 주차와 화물의 적재 계획, 주차공급량 산출, 설계, 건설과 운영에 관한 원리를 포함한다. 차종에 따라 구분될 경우 승용차, 화물차, 버스, 이륜차의 순서로 구성된다.

'중소도시의 P+R 지침서(Hinweise zu P+R in Klein und Mittelstädten)'는 Park and Ride 시설의 설치와 운영 관점에서 주차시설 지침서을 보완한다.

주륜시설의 계획, 설계와 경제성 분석에 대해서는 '**주륜 지침서**(Hinweise zum Fahrad parken)'가 주차시설 지침서의 지침을 보완한다.

운전자들의 휴식과 구매를 위하여 운행을 중단하고 경유하게 되는, 법적으로 도로시설에 포함된 휴게소는 '**도로 휴게소 지침서**(Richtlinien für Rastanlagen an Strassen, RR)'가 적용된다. 차고지와 같은 도로시설에 속하지 않는 시설의 신설, 확충과 변경의 경우 '도로 휴게소 지침서'의 내용들이 적용될 수 있다.

주차시설 지침서는 주차공간을 기술적으로 문제없이 설계하고, 이용자 편의적으로 설치 운영하며 도시계획적 측면에서 융합되도록 도시와 교통계획가, 건축가와 시공사, 도로교통 관련 기관 및 기타 관심 그룹이 활용 대상이다.

지역적인 여건, 법적 여건, 교통계획과 도시건설적인 목표설정 및 재원 확보 측면에서 현실에서 발생하는 모든 문제점에 대하여 완벽한 해결책을 제시하지는 못한다. 따라서 전문가는 현황 파악과 경험 및 자체적인 판단에 기초하여 개별적이고 구체적인 상황들을 적절하게 고려해야 한다.

주차공간계획

2.1 영향요소와 상호관계

주차공간계획은 적절한 위치에 적절한 운영 형태로 적절한 양의 주차공간을 확보할 수 있는 모든 계획적인 사항들을 포함한다. 다음과 같은 절차에 의해 수립된다.

- 주차공급 규모 산정
- 설계와 건설
- 이용과 운영

공급규모 산정 단계에서는 주차수요 예측에 근거하여 도시구조적인, 교통적인 여건을 감안한 적절한 주차공급량이 결정된다.

설계와 건설 단계에서는 – 주차 설계기준 차량 제원을 바탕으로 하여 – 도로 주차와 적재, 주차장과 건축물주차장에 대한 기하구조와 이용 요구사항에 따른 설계요소가 결정된다. 이때 주변 도로망과의 연계 및 도시공간적인 여건을 고려해야 한다. 설계는 주차시설의 구조적인 설치와 밀접한 관련이 있다. 주차장의 포장, 배수, 식재, 안전시설과 조명 등에 관한 구체적인 설치 방법들이 검토되어야 한다.

이용과 운영 단계에서는 주차안내시설, 요금징수시스템과 안내표지 및 적절한 운영 형태의 선택과 특별한 이용 시 특이사항들이 포함된다.

주차공간계획의 개별 단계는 전체 도시계획과 이로부터의 교통계획과정과 상호 관련성이 깊다(그림 2.1). 따라서 도심지역의 간선도로와 국지도로의 구상에 대한 문제는 얼마나 많은 주차 목적지와 출발지가 허용되느냐와 관련성이 있다. 장기주차를 위한 주차공간은 동일한

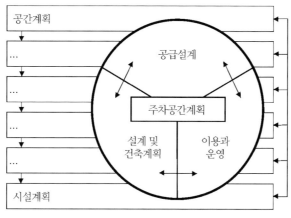

그림 2.1 **주차공간계획**

규모의 단기주차 공간보다 적은 교통량을 유발한다. 주차장의 운영 형태는 주차공간 수요와 시간대별 분포에 영향을 미치게 된다. 혼합된 운영 형태의 경우 첨두 수요가 어느 정도 평활화된다.

모든 작업 단계들은 계획과정에서 각 단계에 대하여 중점을 다양하게 두게 되더라도 상호간에 매우 밀접한 관계에 있다. 예를 들어, 고객을 위한 주차공간이 마련되어야 할 경우 구매 장소와 가까우며, 주도로로부터의 근접한 고객 주차를 위한 공급계획이 중요시 된다.

2.2 요구사항

2.2.1 개요

주차공간계획에 대한 요구조건은 상황별로 결정된다. 주차공간계획의 목표 설정 시 가장 중요한 것은 고려되어야 하는 이용자 그룹의 요구조건, 도시와 지역의 중심지역적인 기능, 대상지역의 형태, 계획된 주차공간의 입지조건과 운영자의 운영방안 등이다.

2.2.2 이용자그룹

주차공간을 필요로 하는 교통당사자는 주차공간에 대한 양호한 접근성과 대기시간이 발생하지 않으며, 입출차 시설의 편의성, 저렴한 주차요금 및 주차장소로부터 목적지까지 짧고, 편리하며 안전한 접근을 원한다. 이러한 희망사항들은 도시구조나 교통적인 측면에서 대부분 모두 만족되지 못한다. 따라서 이용자그룹의 요구조건과 도시계획과 교통계획적인 측면에서 지역의 구조와 관련하여 이해관계를 조정하는 것이 필요하다.

이용자그룹들은 지역의 주차공간 공급에 있어서 다양한 요구조건을 갖고 있다. 주차과정에 있어서 다음과 같은 이용자그룹들이 구분된다.

- 거주자
- 직장인, 대학생, 학생
- 고객
- 방문객과 고객
- 서비스 제공자와 배송

거주자   자신의 거주지와 인접한 곳의 주차공간을 선호한다. 최대 수요는 오후, 저녁과 야간 시간대에 발생한다. 주차는 장시간을 요한다.

직장인, 대학생과 학생   근무 장소와 강의 장소에 머무는 시간대에 주차공간을 필요로 하며, 일반적으로 주간 시간대이다. 이 경우 주차수요는 대중교통의 접근성을 강화하여 감소될 수 있다. 무료 주차일 경우 긴 보행거리도 수용된다.

고객   개점 시간대에 주차수요가 발생하나 주차시간은 매우 다양하다. 짧은 주차시간은 높은 주차 회전율을 가능하게 한다. 주차장소에서부터 목적지까지 수용 가능한 거리는 주차 공간 이용자의 업무, 활동목적지와 주변 지역의 매력 및 주차장의 입지와 보안 수준 등과 관련이 있다. 고객 중 일부는 주차안내시스템을 이용하게 된다.

방문객과 고객   매우 다양한 주차공간 수요를 발생시킨다. 사적인 방문객, 행사 방문객, 여가 시설 방문객에 따라 주차 행태가 다르게 나타난다. 시간대별로 주차수요 분포나 주차시간이 다르게 나타난다. 지역의 지리에 밝은 방문객은 주차안내시스템을 적극적으로 이용한다.

의료, 수리업자 등 서비스 제공자   목적지 바로 인접한 지역의 주차공간을 필요로 한다. 이들의 요구는 주차공간의 운영에 있어서 적극적으로 반영되어야 한다.

배송   배달과 적재를 위하여 목적지 바로 인근의 주차장을 선호하며, 일반적으로 매우 짧은 시간만을 점유하게 된다. 때로는 운송시설의 설치를 위하여 추가적인 면적이 필요할 경우도 있다.

차량-주차공간 수요자의 특징을 표 2.1에 나타내었다. 사회적 여건, 기후대비와 주륜시설의 접근성 및 수준 등 자전거에 대한 특별한 요구사항은 주륜시설 지침에 제시되었다.

2.2.3 입지조건

도심   대중교통 수단의 접근성이 매우 양호하다. 도심지역은 광범위한 구매와 서비스 시설

표 2.1 차량-주차 수요자와 주차특성

구분		거주자	고용자, 학생	고 객	방문객	서비스업자	배송자
주차시간	단기	○	○	●	◐	◐	●
	장기	●	●	○	◐	◐	○
공공 도로공간 주차허용		◐	◐	◐	◐	◐	●
타 교통수단 전환가능		○	●	◐	◐	○	○
긴 보행거리		○	●	◐	◐	○	○
유료 주차 운영 필요		○	◐	●	●	●	◐
주차 안내 체계 고려		○	○	◐	●	◐	○

● : 적절, ◐ : 어느 정도 적절, ○ : 부적절

을 갖는 토지 이용의 다양성이 존재한다. 주차공간과 목적지간의 긴 보행거리는 이 구간이 보행자에게 매력적으로 느껴질 때 수용 가능하다. 접근성을 위한 주차공간공급의 중요성은 대중교통 수준과 상대적이다.

부도심 주차공간계획에서 약간 부족한 수준의 대중교통수단의 공급을 가정한다. 이외에 주차공간의 확보는 다른 부도심과의 경쟁관계로부터 결정된다. 주차가능성은 지역에 일반적인 목적지까지의 주차거리 정도여야 한다.

2.2.4 지역 형태

지역 형태의 구분은 이용자그룹의 다양한 요구조건, 다양한 주차공간계획의 목적과 다양한 주차공간 공급을 반영한다.

도심지역은 이용시설의 다양성으로 인하여 좁은 공간에 다양한 요구사항들이 중첩되어 있다. 대도시 CBD의 토지이용 특성은 지방부 중소도시의 CBD보다 다양하다. 따라서 주차공간 분석에 있어서 이러한 카테고리를 구분한다. 전체적인 주차공간 수요는 일반적으로 충족되지 않는다. 이는 특히 직장인, 학생들의 주차 수요에 해당한다. 주차 제한으로 인하여 이미 과포화 상태인 주변지역으로 주차수요가 이전되는 것을 방지해야 한다. 교통수요의 일부를 대중교통 수단으로 전환시키는 것은 대중교통 수단 공급 수준이 높아지고 주차공간 제한정책이 강제적일수록 용이하다.

도심인접 구도심은 혼합된 주거지역과 상업지역으로 높은 밀도로 특징된다. 오래된 건축물의 보존과 주거지역 정비 등은 거주자나 직장인들에 대한 충분한 주차공간 제공 가능성을 제한한다. 주차공간에 제한을 받는 이용자그룹은 대중교통수단의 서비스 수준이 양호할 경우에만 고려된다. 그렇지 않을 경우 주변지역으로 주차가 전이되는 불법주차 현상이 발생한다.

주거지역은 순수하거나 복합적인 주거지역으로 구분한다. 순수한 주거지역에 반하여 복합적인 주거지역에는 거주자, 학생, 고객, 서비스업자와 배달업자에 의하여 상당히 많은 주차수요가 발생한다. 거주자의 주차공간 수요는 자동차 보급률과 관련이 있다. 대중교통수단의 이용과는 무관하다. 이는 주차공간 수요를 줄이지 않는다. 때로는 거주자가 대중교통수단을 이용할 경우 주차공간이 점유되어 다른 이용자그룹이 이용할 수 없기 때문에 도로공간의 주차공간 부족현상을 심화시키기도 한다.

상업과 산업지역에는 고용자의 주차차량과 운송차량 주차수요 위주이며, 자주 야간 시간대에도 주차수요가 발생한다. 고용자의 대중교통수단으로의 교통수단 전환은 가능하다. 예를 들어, 통근버스, 카풀(Car Pool) 등은 주차공간 수요를 감소시킨다.

지방부지역은 모든 이용자그룹에서 주차공간 수요가 발생하며, 적은 주차공급 규모로 처리될 수 있다.

휴양지역은 방문객의 주차수요 위주이다. 첨두 수요는 특정 계절이나 주말에 집중된다. 휴양목적이나 자연보존지역의 지역적 특성이 차량이나 자전거에 대한 주차공간의 입지와 규모를 결정한다.

　　언급된 지역 형태들은 주차공간 수요의 이용 형태와 함께 지역별로 적용되는 이용자그룹에 따른다(표 2.2).

　　대규모 상업시설, 여가시설은 특별한 방안을 필요로 한다(6.5.4.3절 참조). 가변적인 주차공간 확보의 가능성이 검토된다(6.5.3절 참조).

2.2.5 입지

　　대형시설이나 도심에 위치한 주차장, 주차시설의 **입지선택**은 이용자그룹, 도시구조와 환경보존의 요구사항을 면밀히 검토해야 한다. 특히 거주 목적이 대부분인 지역이나 자연보호지역 또는 문화재 보존지역의 경우 입지선택에 유의해야 한다. 그리고 자연보호의 높은 법적인 요구사항들을 참고해야 한다(2.3.2절 참조). 주차시설은 내구연한이 길기 때문에 장래 도시계획과 교통계획적인 측면을 고려한 여지를 남겨 놓아야 한다. 주변 여건의 타당성 검토에 대한 추가적인 사항은 4.1.4절을 참고한다.

　　주차장과 주차시설은 차량은 물론 도보로 쉽게 접근할 수 있을 경우에 수용성이 높다.

　　효율적인 입지는 일반적으로 주간선도로나 보조간선도로와의 연결성이 좋으며, 주차안내시스템과 연계가 되어 있고, 목적지에 인접한 연결성을 갖추어야 한다. 낮은 위계의 도로망과 연계된 주차장 입지는 교통측면에서 민감한 지역으로 차량들이 우회할 수 있으므로 가급적 피해야 한다. 도심과 연결되는 외곽부 주변지역의 주차장 입지는 도심지역의 주차수요를 경감시킬 수 있다. 광역적으로 교통정온화가 수행되는 거주지역과 도심지역에는 이러한 효과가 통제되는 범위 내에서 적용될 수 있다.

　　수용 가능한 도보거리는 다음 사항들과 관련이 있다.

- 이용자그룹
- 지역 형태
- 주차장 운영 형태
- 주차장 인지도와 도보거리 상의 매력도

　　주차장소와 목적지까지의 거리는 도시규모와 주차공간공급에 따라 250~500 m 정도가(분당 도보거리 4~8분) 적당한 것으로 가정한다.

2.2.6 운영자

　　주차시설 운영자에게는 수익성과 이용자의 수용성이 가장 중요하다. 추가적으로 지역사회와 관공서가 관심을 갖게 되는 공간의 사회적 이용과 환경적인 이용의 타당성 측면, 낮은 교통부담 등의 지역정책적인 목표설정 등을 고려한다. 예를 들어, 수익성에 영향을 미치는 이용시간과 특정 이용자그룹 대상 등을 검토해야 한다.

　주차장을 임대하여 운영하는 민간 운영자는 지역정책적인 목표나 민간 소유자의 특별한 이해 관계 등을 계약한다. 주차시설을 자체 재원으로 운영하거나 공공 토지를 임차하여 보조금으로 운영하는 민간 사업자는 지역정책적인 협의조건이 토지이용계약에 명시된다.

2.3. 법적 근거

주차공간계획의 법적 근거는

- 건축계획법
- 건설법
- 도로교통법

에 포함되었다. 공공 도로공간 외부의 모든 주차시설은 건설계획법을 따른다. 그리고 필요한 소요면적은 법적 계획의 지정에 의하여 결정된다. 지방의 건설규정에는 필요한 주차면적과 주차장 설치 방법 및 제한에 대한 내용이 포함되었다.

　공공 도로공간 내의 주차시설은 계획, 설치, 운영에 있어서 도로교통법규의 규정을 따른다.

표 2.2 토지이용과 주차수요 그룹에 따른 주차공간 수요 발생

지역 형태	이용자 그룹 / 이용 형태	거주자	고용자, 학생	학생	고객	방문객	손님	서비스 업자	배송자
CBD	주택	×				×		×	
	사무실		×		×			×	
	구매시설		×		×			×	×
	공공시설		×	×		×		×	
	호텔, 숙박시설		×				×	×	×
	문화시설		×			×		×	×
	여가시설		×			×		×	×

(계속)

지역 형태	이용 형태	거주자	고용자, 학생	학생	고객	방문객	손님	서비스 업자	배송자
CBD인접 구도심	주택	×				×		×	
	사무실		×		×			×	
	상업 농장		×		×			×	×
	구매시설		×		×			×	×
	공공시설		×	×		×		×	
	호텔, 숙박시설						×	×	
	문화시설		×			×		×	×
	여가시설		×			×		×	×
주거지역 (순수)	주택	×				×			
	구매시설		×		×			×	×
	공공시설		×			×		×	
	여가시설		×			×		×	×
주거지역 (복합)	주택	×				×			
	사무실		×		×			×	
	상업 농장		×		×			×	×
	구매시설		×		×			×	
	공공시설		×	×		×		×	
	여가시설		×			×		×	×
상업지역과 산업지역	사무실		×		×			×	
	상업 농장		×		×			×	×
	주택		×		×			×	×
마을지역	사무실	×				×			
	상업 농장		×		×			×	×
	구매시설		×		×			×	×
	공공시설		×	×		×		×	
	레스토랑		×				×	×	×
	여가시설		×			×		×	
여가시설지역	구매시설		×		×			×	×
	문화시설		×			×		×	×
	여가시설		×			×		×	×

2.4. 공공 도로공간의 주차공간 운영

도심지역의 도로공간에서 상업시설의 운영 시간대에는 여유 있는 주차장이 충분한 규모로 확보되어 있지 않다. 따라서 지역 내 다양한 요구조건과 수요가 높은 시간대에는 공공 주차공간의 효율적인 운영이 필요하다.

도로공간 내 주차공간 운영지표는 시간(요일, 시간)과 주차허용시간(제한 또는 무제한), 유료 또는 무료, 허용 차종('승용차 허용' 또는 '배달과 적재차량 허용') 또는 운전자('장애우' 또는 '거주자') 등이다. 필요한 규정은 '도로교통규정(StVO: Strassen Verkehrsordnung)' §45의 교통규정과 StVO-표지판과 교통표지판 카탈로그의 보조표지판(부록 J 참조)을 준수하여 도로에 제시되어야 한다.

주차 차량의 시간대별 수요를 감안하여 2.3.4절에 제시된 주차운영을 위한 StVO의 도구들이 활용될 수 있다.

부분적으로 제한된 정차금지는 배송과 적재공간을 확보하여 주차공간을 찾는 차량에게는 주차금지와 같은 효과를 가져오나 실제 적용에 있어서 조건적으로 수용이 된다.

공공 도로공간에서 운영되는 주차장의 주차시간을 제한하는 다른 방법들은 주차증, 주차시계 또는 자동주차증발급 등이다. 최장 주차시간은 공공 도로공간 외곽이나 주차시설에 주차장 대안이 있을 경우 도시구조와 적용되는 주차정책에 따라 30분에서 3시간 사이이다. 주차요금 인상도 주차시간을 단축시킬 수 있다. 이와 관련하여 짧은 주차시간은 주차회전율을 높이며, 이로 인한 교통수요가 인근지역에 발생할 수 있다는 점을 주의해야 한다.

주차 가능 적용과 예외를 나타내는 추가표지판을 통하여 특정 인물들이나 이용자그룹 또는 차량종류(예를 들어, 장애우 차량, 택시, 캠핑카(Camping Car)별로 주차공간을 제공할 수 있다.

StVO §45에 따른 거주자를 위한 전용주차가 가능하다. 이는 지역주민에 대하여 지역 외 이용자그룹과 비교하여 주차요금이나 주차시간 면제를 통한 주차특혜를 제공한다.

지역 외 거주자에 의한 주차배회차량 감소와 주민을 위한 주차공급의 확대는 주거환경을 개선시키게 된다. 이러한 방안을 통하여 추가적인 주차공간이 확보되어서는 안 된다. 거주자를 위한 특별주차허가에 대한 자세한 사항은 부록 B에 제시되었다.

공공 교통공간에서 주차차량의 제도적인 통제에 있어서의 주요 요소는 강력한 감시와 법규위반에 대한 처벌이다. 이 업무는 지역의 교통법규 감시자에 의하여 수행되며, 이들에게는 제한된 수준의 단속권한이 부여된다. 이를 통해 감시와 관련된 규정들이 시민들에게 사적인 차원이 아니라 공적 차원의 법적 의무사항을 의미하게 된다. 이러한 감시업무의 민간 위탁은 부분적으로 실현된 바 있으나 아직까지 법적으로 보장된 것은 아니다.

공공 도로공간 외부의 시간적인 주차운영에 관한 세부적인 사항은 6.5.3절에 제시되었다.

2.5 구축과정

　주차공간 개념의 틀에서 수립된 대책들은 지역적인 여건에 의하여 발생되는 상당히 편차가 큰 주차공간 수요자와 운영자 간의 상충되는 요구사항들이 반영되어야 한다. 이에 대한 가정은 이해 조정이다. 이는 구축과정의 계획 초기 단계에서부터 두 주체가 같이 참여해야 한다는 것을 의미한다. 주차공간계획의 일부로 간주되어야 한다.

　계획과정 초기에 있어서 다음과 같은 문제들이 확인되어야 한다. 어떤 그룹이 대상이 되는지(예 : 거주자), 어떤 이해그룹(예 : 단체 또는 협회)과 공공 이해관계(예 : 정책위원회, 담당공공기구 또는 재원조달 기관)를 대변할 수 있는 대표자가 주차공간계획의 세부적인 내용들에 대하여 의견을 제시할 수 있는지? 대상 그룹들의 어떤 이해가 수립되는 주차공간 개념들에 반영되는지? 이에 따라 누가 주차공간계획에 참여하게 되는지?

　일반적으로 대책 수립 이전에 관련 인사가 참여하여 세부적인 오류 가능성을 제기토록 한다. 주차공간계획 과정에 있어서 이들 그룹이 목표 설정과 공급 규모 산정 시에 이미 포함되어 있게 됨을 의미한다. 설계와 이용 및 운영 단계가 종료된 이후에도 이들의 의견을 청취토록 한다. 공공이해관계를 대표하는 그룹이나 대리인들과 함께 모든 과정에서 심도 있는 의견교환이 이루어져야 한다.

　주차공간계획의 전 과정 동안 수반되는 교통정책의 사안들이 검토되어야 한다. 이는 일정계획에 포함되어야 한다. 이를 통해 주차공간계획에 있어서 특정한 중간결과들이 지향하는 목적이나 중요한 시점에 정책적인 판단들을 거치도록 한다.

　주차공간개념의 전환에서 중요한 것은 프로젝트의 단위이다. 이러한 프로젝트 단위들은 종합적인 개념의 부분단위로서 원활히 구축될 수 있도록 정해져야 한다. 프로젝트 단위에는 명확한 주차공간 문제들이 정의되어야 한다. 또한 개념 수립에 참여한 그룹들의 명확한 이해관계가 정립되고 필요할 경우 이해 조정이 필요하다. 프로젝트 단위별 주차공간개념의 구축에서 이를 통하여 다음 단계의 대책과 개념 수립에 대한 출발점이 된다.

　주차공간계획 과정에 대한 지침들은 '**교통계획 수립지침**(Leitfaden für Verkehrsplannungen)'에 포함되어 있다.

3.1 개요

주차공간계획의 요구사항을 만족시키고 주차차량의 설계와 운영을 위한 정량적인 입력 자료들을 확보하기 위하여 계획과정의 초기부터 공급규모를 추정할 필요가 있다. 다양한 시나리오를 통하여 주차공간 수요가 기존 또는 단기간 내 확보할 수 있는 주차공간 공급을 통하여 처리될 수 있는지 또는 교통수요 감소나 수단분담 전환을 통하여 주차공간 수요가 주차공급량에 맞추어야 하는지를 검토한다. 그림 3.1은 분석 절차들을 보여 준다.

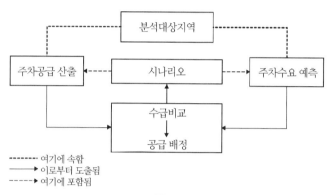

그림 3.1 공급규모 설계 방법

3.2 설계 방법

3.2.1 영향권(분석범위) 설정

주차공간 수요추정에 필요한 인구, 직장인, 상면적(床面積) 등의 통계자료가 정확하게 추출될 수 있도록 분석대상 지역의 크기가 결정되어야 한다. 인접 지역의 주차 수요가 분석 대상지역에 영향을 미치게 될 경우 인접지역도 분석 범위에 포함토록 한다.

3.2.2 공급규모 산출

주차공간 규모의 산출 시 다음과 같은 주차공간들이 구분된다.

- 도로공간과 주차장의 무료 주차면
- 도로공간과 주차장의 유료 주차장
    - 이용자 제한
    - 주차시간 제한, 무료
    - 주차시간 제한, 유료
    - 주차시간 무제한, 유료
- 주차 건물과 지하주차장
    - 공공 접근 가능(일반 주차 또는 임대 주차)
    - 공공 접근 불가능
- 주차장의 사유 주차면
    - 공공 접근 가능
    - 공공 접근 불가능

주차시설에 대한 상세한 자료가 확보되지 않을 경우 일반적으로 대상지역을 도보로 조사하는 것이 필요하다. 도로공간과 주차장에 있어서 최대주차시간, 주차요금과 불법주차에 대한 조사가 이루어진다. 주차면(駐車面)에 대한 일반주차와 임대주차의 구분은 운영자에게 문의한다. 공공 접근이 불가능한 민영주차장의 경우 추정토록 한다.

주차시설에 대한 현황분석 이후, 예를 들어 주차장의 폐쇄 또는 단기적으로 확보될 수 있는 주차시설들을 고려하여 단기적으로 주차공급 규모의 변화여부를 예측한다. 이 분석자료가 주차수요와 공급 비교에 활용된다(3.2.4절 참조).

3.2.3 주차수요 예측

주차공간 필요성은 현재의 **주차수요 조사**로부터 도출된다. 이때 조사된 자료들이 대상지역의 여건을 반영한 것임에 유념해야 한다. 예를 들어, 주차공간이 부족한 지역의 조사일 경우, 더욱 많은 주차공간이 제공된다고 할 경우 어느 규모의 주차수요가 발생하게 될 것인가를 가늠하기는 어렵다. 조사된 자료는 이용 행태의 변화, 교통시설 공급의 변화 또는 업무시간 변경 등의 교통 행태를 반영하지 못한다. 이러한 이유로 주차수요의 현황 분석은 일반적으로 장래 수요를 추정하는 근거가 되지 못한다. 그러나 주차 행태의 현황 분석은 현 조건 하에서의 수요 산출의 검증에 활용될 수 있다.

주차수요의 결정에 있어서 때로는 해당 지자체의 **용도별 주차 원단위**를 활용할 수 있다(2.3.3절 참조). 이러한 용도별 주차 원단위는 대부분의 경우 지역적 특수성과 실제적인 교통

행태, 대중교통의 구축 수준, 주차공간의 활용도, 주차공간의 입지, 포화도와 예측 가능한 장래 시나리오의 차이점 등을 충분히 고려할 수 없으므로, 주차수요를 현실적으로 반영하지 않는다. 이러한 결과 높은 주차수요가 추정되거나 때로는 낮은 주차수요가 추정되기도 한다. 주차 원단위와 관련하여 2.3.3절을 참고한다.

따라서 주차수요는 관측자료에 근거한 모형기법을 적용해야 한다. 모형기법에는 다음과 같은 두 가지 기법이 있다.

- 2.2.4절에 따른 용도별 입지나 이용 구조에 따른 용도별 **'복합' 기법**으로 주 이용그룹을 거주자, 고용자와 방문객으로 구분하는 것과
- 기타 이용자그룹의 고려와 여가시설 또는 P + R과 같은 독립적인 이용에 대한 **'구분' 기법**

(1) 복합 기법

복합 기법의 절차는 그림 3.2에 제시되었다.

대상지역은 용도별로 구분된다. 목표연도에 대한 거주자, 고용자와 방문객을 위한 판매면적이 예측된다. 이때 다양한 대상지역의 장래 토지이용계획이 고려된다.

모든 이용자그룹에 대하여 장래 1일 유발교통량이 예측된다. 이 수치는 부록 C의 표 C.1로부터 산출한다. 주차과정에 있어서 다양한 업무(activity, 예 : 출근과 구매)에 대한 가능한 활동고리(trip chain)는 이미 고려되었다.

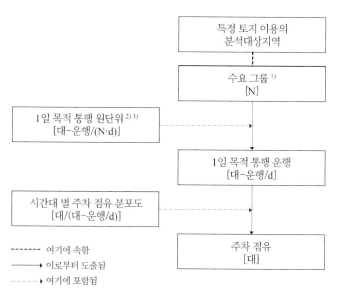

1) 거주자, 고용자, 고객(판매면적)
2) '유출 통행=유입 통행'으로 가정. 통과 교통은 추가적인 주차수요가 발생하지 않음
3) 수단선택과 재차인원을 고려하여 장래 주차수요를 산출할 수 있음

그림 3.2 복합 주차수요 예측 기법

개별 이용자그룹에 대한 장래 1일 유발교통량이 있을 경우 부록 C.2에 제시된 점유 분포를 고려하여 특정 시간대별 장래 주차점유를 산출한다. 주차공간 점유 중 단기주차 비율은 특별히 제시되었다.

(2) 구분 기법

구분 기법은 경우에 따라 접근 방법이 상이하다. 그림 3.3에 제시되었다.

분석지역 또는 분석 목적별로 목표한 시간대에 대한 주차수요가 예측된다. 주차수요는 수요자 밀도에 따라 그룹별로 산출된다. 이때 다양한 발전 시나리오가 고려될 수 있다.

모든 이용자그룹별로 장래 1일 차량 단위의 교통유발, 유입량이 결정된다. 이 수치는 1일

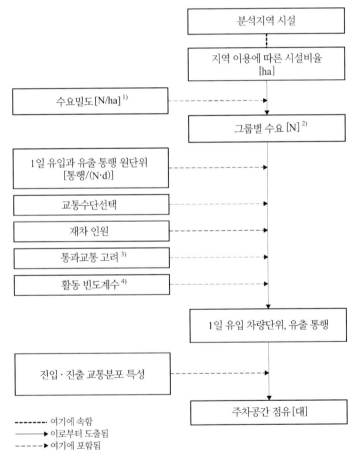

1) 예, 인구수/ha, 고용자/ha
2) 인구수, 고용자, 고객, 기타
3) 면적크기에 따른 총 통행의 분석지역 내 유입과 유출 통행 비용
4) 분석지역 유입 통행/분석지역 내통

그림 3.3 **구분 주차수요 예측 기법**

유발교통량, 유입교통량, 수단분담, 포화도, 통과교통 비율과 활동고리(activity chain) 요소에 의하여 산출된다. 이때 또 다시 다양한 시나리오가 고려될 수 있다.

개별 이용자그룹에 대한 차량 단위의 장래 유발, 유입교통량이 제시되었을 경우 시간대별 초기 점유율을 고려한 유입, 유출 분포에 근거하여 장래 주차점유를 산출할 수 있다.

앞의 지표들과 분포는 용도 형태별 발생교통량으로부터 산출한다. 지역적인 조사로부터 지표들이 산출되었을 경우 이 수치들을 적용하면 된다.

(3) 결론

주차수요 결과는 시간대별, 추가적으로는 다양한 발전 시나리오별, 이용자그룹별 주차공간에 대한 장래 수요이다. 개별 이용자그룹을 누적시키면 분석 대상 지역에 대한 전체 주차수요가 산출된다.

3.2.4 수급 비교와 공급계획

분석대상 지역에서 산출된 주차수요는 현재의 주차공급 규모나 도시계획 측면에서 타당한 수준으로 확보가능한 주차공급 규모와 비교한다. 이때 이용자그룹 단계별로 접근하는 것이 바람직하다. 예를 들어, 거주자를 위한 주차수요는 거주자들이 이용 가능한 주차공급과 비교되어야 한다. 이때 거주자들은 통상적으로 장기주차 경향이 있으므로 단기주차를 위한 주차시설은 포함되지 않는다. 나아가 주차시설에 대한 수요가 시간대별로 변하게 됨으로써 시간대별 수급 비교를 수행한다. 개별 이용 형태별로 주차시설의 이용이 허용되거나 주차면적이 시간대별로 특정 그룹에만 허용될 경우 주차시설의 이용을 시간대별로 변경하여 이용하게 함으로써 주차시설을 효율적으로 관리할 수 있다(6.5.3절 참조).

수급 비교에 앞서 통상적으로 현재의 주차공급이 목표연도에도 이 상태로 존재할 수 있는지에 대한 검토가 이루어진다. 따라서 수급비교에 있어서 개발에 따른 주차장의 폐쇄 등 계획된 변화나 목표연도 이전에 완공되는 주차시설을 고려한다.

수급 비교 이후에 분석대상 지역 내의 주차 부족이나 주차공급 과잉에 대한 판단이 다음의 측면에서 수행된다.

- 주차발생 지역별
- 이용자그룹별
- 시간대별

때로는 다양한 발전 시나리오별로 수행된다.

개별 이용자그룹별 주차 부족이나 공급 과잉을 누적하면 분석대상 지역 전체에 대한 총 부족이나 과잉 규모가 산출된다. 큰 규모의 분석대상 지역을 세분화하면서 어디에 어떤 형태의 주차시설이 장래에 부족하거나 확보되어 있는지의 여부가 파악된다.

장래 확보된 주차공급이 예측된 장래 주차수요를 무조건 만족해야 하는 것은 아니다. 교통 정책적인 측면에서 부족하거나 과다할 수도 있다. 교통정책적 검토를 통하여 다양한 시나리오 내에서 원하는 수준의 주차수요가 결정되고, 이에 수반되어야 할 교통 행태가 산출되어 평가된다(그림 3.1 참조). 이러한 기반 위에 장래 주차공급의 입지, 형태와 규모가 결정되고 운영 개념 및 주차시설의 공간적인 분포계획이 수립된다.

이러한 방법으로 주차시설의 유입, 유출 교통량에 대한 조사가 수행된다. 주차장으로의 접근도로용량이 주차 유입 교통량을 충분히 처리할 수 있는지에 대한 검토가 이루어진다. 그렇지 못할 경우 대상지역의 대중교통체계의 개선이나 승용차 이용 억제 방안을 통하여 주차시설을 감소시키게 된다.

시나리오의 고려에 따라 장래 주차공급은 다양한 형태로 결정된다.

- 주차시설 부족이나 과잉이 발생하는 지역을 세분화하고, 특정 형태의 주차시설이 확보되거나 축소될 수 있는지를 검토한다.
- 개별 이용자그룹별 주차 부족 또는 과잉으로부터 어떤 운영 형태의 주차시설 종류가 부족하며, 충분히 확보되어 있는지를 검토한다.
- 시간대별 수급 비교를 통하여 추가 확보나 감소의 규모, 형태와 입지가 시간대별로 결정된다.

이를 통하여 장래 주차공급에 대한 수치 및 운영 형태가 결정된다.

Chapter

04

주차면 설계

4.1 기본계획

4.1.1 건축허가

건축허가에 관한 관련 서류들을 사전에 인지해야 한다. 법적 효력을 갖는 주차장건축계획에 기반한 건축허가절차 이외에 계획확정절차 또는 계획허가절차들이 필요하다. 개별적인 사항들은 지자체 또는 재정 지원기관과 사전에 협의가 필요하다.

4.1.2 주차계획

4.1.2.1 공사계획에 기반한 서류

토지이용계획 내에 계획된 주차면적에 필요한 요구 용량을 포함한 주차장 입지가 제시된다. 법적 효력이 있는 건축계획은 계획된 주차면적 또는 가능한 부지경계로부터 허가 가능성을 예측할 수 있다. 이외에 바닥포장, 배수, 식수를 포함한 계획된 녹지비율과 지상 기준 층고(層高)에 대한 내용들이 건축계획의 내용으로 포함된다.

4.1.2.2 추가적인 계획안

주차시설의 신축은 자주 대중교통역사, 쇼핑센터 또는 주거단지 등 다른 건축사업과 연계하여 이루어진다. 이 경우 개별 사업들의 특수성이 설계·시공, 운영개념에 반영된다.

4.1.2.3 사전 규모 설계

사전에 산출된 주차면수가 계획된 주차시설의 면적을 결정한다. 희망하는 수용면적에 제약을 초래하는 토지분할, 교통연계, 녹색면적 비율 또는 정산시스템 등의 요소들을 고려해야 한다. 이러한 이유로 초기단계에는 개략적인 면적 규모가 결정되고 계획 단계에서 구체화된다. 초기 규모 결정 단계에서는 소요 전체면적 산정 시 주차면당 $25{\sim}30\,\mathrm{m}^2$를 기준으로 한다.

4.1.2.4 이용

완공 후 이용계획에 따라 계획된 주차면적에 대한 특정 제원과 특성을 갖는 설계기준 차량이 결정된다. 이로부터 단면에 대한 설계 기준 및 포장 두께가 결정된다.

4.1.2.5 요금징수와 운영

주차 정산시스템이 주차장 입출차 설치에 큰 영향을 미치므로, 사전에 요금징수와 운영 형태에 대한 개념 정립이 필요하다.

4.1.2.6 편익-비용분석

부지 소요면적 측면에서 확보된 면적의 효율적인 이용과 경제성을 향상시키기 위하여 주차면은 가급적 주차통로 양측에 설치하도록 한다. 때로는 다른 관점을 고려하여 어떠한 운영형태나 배치가 효율적인지 다양한 대안을 검토할 수 있다.

4.1.2.7 지반조건

투수성, 오염 정도와 지하수 높이 등의 대상지 지반 조건을 검토한다. 주차 건물의 경우 지반조사를 통해 지반강화 방안 등에 대한 검토가 이루어져야 한다. 이 경우 토질기술사의 검토가 필요하다.

4.1.2.8 배수

주차장에서는 표면수의 완벽한 배수가 요구된다. 지질 조사를 통한 수리 계산과 배수 정도에 대한 검토가 필요하다.

지반 조사와 수리 조사를 고려하여 사전에 배수시스템에 대한 정의가 필요하다. 이러한 배수시스템으로부터 주차부지의 수직 높이가 결정된다. 또한 이로부터 배수시스템의 기초와 포장방식이 결정된다.

지역적 여건으로 인하여 배수가 불가능할 경우 표층수를 배수구와 관로를 통하여 배수지로 유도한다. 이때 사전에 관련 부서와 배수량 규모에 대한 협의를 진행한다. 때로는 배수시설이 추가 설치될 경우도 있다.

4.1.3 교통연계

노상 주차장을 제외한 주차부지의 경우 대중교통 연계가 매우 중요한 요소이다. 주차부지와 인접한 도로망에 대한 주차장 이용 발생교통량과 정산시스템에 따라 주차장으로의 진입을 위한 별도의 차선을 설치할 필요도 발생한다.

연계 교차로의 용량분석을 위하여 도로교통 관련 부서와의 협의를 통한 교통조사가 필요하다.

4.1.4 환경성 분석

차량의 제원과 이동궤적은 사람의 크기나 이동궤적보다 매우 크다. 따라서 차량의 주차시설에는 주변 지역의 축척을 초과할 위험성이 내포되어 있다. 따라서 대상 부지 내에 적절한 규격에 대한 개념이 포함되는 것이 매우 중요하다. 개별적인 사례는 다음과 같다.

- 시설의 규모나 배속 또는 보행자몰 설치에 따른 주변 지역의 설치 시 고려사항
- 기념물 고려
- 효율적인 topographic 배치
- 건설자재의 조화
- 사무실, 상점 또는 주거시설의 리모델링(remodeling)
- 기타 희망시설의 주차시설에 포함
- 주차시설 바깥 부지의 대기공간, 램프와 통로의 배치
- 주거와 업무시설과 이격된 배기시설의 설치

언급된 상충 가능성은 주차시설의 일부, 예를 들어 통풍시설의 경우 광고목적으로 활용될 수 있는지 등의 고려가 필요하다.

대규모 주차부지에 인접한 지역의 경우 소음의 증가가 검토된다. 따라서 계획 초기단계에 방음시설에 대한 검토가 이루어진다. 이를 통하여 진입로 등 소음 유발원의 적절한 배치가 이루어진다.

대규모 주차부지는 기존 도로공간에 좁게 연계되노록 한다. 식재, 조명 등을 활용한 내부적인 위계가 주차장의 방향성을 제고한다.

대규모 주차시설은 전체 건물의 독자적인 배치가 허용하는 입지에 설치된다.

관광지와 휴양지의 경우 그 설치목적에 따라 주차부지가 주변 여건을 고려하여 배치되어야 한다. 높은 주차수요를 유발하는 목적지의 경우 우수한 자연경관이나 역사적인 건축물 등의 영향을 받게 된다. 이러한 매력들은 주차장의 규모나 배치를 통하여 경감되어서는 안 된다.

주차면 기하구조

4.2.1 기본규격

4.2.1.1 개요

주차통로 폭원과 주차면의 크기는 **설계기준 차량**의 제원과 차량동력학적 기하구조 특성, 차량 주차 형태, 곡선부 주행 시 추가소요면적, 이동과 차량간 교행 시 추가면적, 운행 중 고정장애물에 대한 안전간격, 주차차량 전후의 안전간격과 주차차량 접근을 위한 측면 확보간격

등을 고려하여 결정된다.

다음에 제시되는 이동과 차량 교행 시 안전계수와 확보되어야 할 간격으로 제시된 수치들은 기준치이며, 설계기준 차량의 통계적으로 산출된 수치로서 주차면 기하구조의 실제 설계 시 반영된다.

통로, 건물구조(예 : 벽체, 기둥 등), 조경수 또는 녹지, 교통표식 등은 소요 부지산출 시 적절히 고려되어야 한다.

4.2.1.2 설계기준 차량

차량 기하구조적인 동선과 주차면적의 규격화를 위하여 설계기준 차량이 정의된다. 이는 차량의 특정 그룹을 대표한다. 개별그룹 내의 설계기준 차량은 그 규격에 있어서 대략적으로 85%의 차량을 포함한다. 이러한 차량 선택을 통하여 주차차량 시설 설계에 아주 드물게 발생하는 대형차량은 고려되지 않는다.

부록 D에는 주차부지 설계를 위한 설계기준 차량의 제원이 제시되었다. 차량길이는 모든 차종에 대하여 세 부분, 앞 내민간격, 차축 간격, 뒷 내민간격 등으로 구성된다. 제시된 제원은 독일에서 현재 허가되고 있는 모든 차종을 포함한다. 상세한 내용은 '**도로의 통행성 검토를 위한 설계기준 차량과 곡선부 주행궤적**(Bemessungsfahrzeuge und Schleppkurven zur Überprüfung der Befahrbarkeit von Verkehrsflächen)' 설계기준을 참고로 한다.

특수 차종을 제외한 주차시설의 경우 이 기준을 준수한다.

4.2.1.3 주차배치 형태

주차부지의 크기와 단면에 따라 주차수요를 최대한 만족할 수 있는 모든 주차면에 대한 **주차각**(駐車角) α 또는 다양한 각도의 조합이 필요하다.

기본적으로 차량배치에 대한 세 개의 주차각이 구분된다.

- 평행 주차($\alpha = 0$ gon)
- 각 주차($50 \leq \alpha < 100$ gon)
- 직각 주차($\alpha = 100$ gon)

평행 주차　도로 측면의 주차와 하역 시 적용된다. 주차장과 주차시설의 경우 소요면적이 크다.

각(角) **주차**　원활하고 편안한 주차를 가능하게 한다. 일반적으로 각 주차의 경우 모든 주차면적 폭원에 대하여 효율적인 배치가 가능하다. 그러나 $\alpha = 50$ gon 이상인 경우 비 활용면적이 커지게 된다.

직각 주차   일방통행이나 양방통행이 모두 가능하다. 그러나 원활한 주차과정은 어렵다. 막다른 도로의 경우 주차한 차량이 별도의 U턴 없이 다시 출차할 수 있으므로 직각 주차가 선호된다.

4.2.1.4 곡선부 확폭

곡선부에서 전륜으로 구동되는 차량의 궤적에서 특이점은 곡선부 내측 바퀴의 운행궤적이 확폭되는 것이다. 곡선부에서 설계기준 차량이 양 측면의 제한된 공간 내에서 운행이 가능하거나 차량간에 교행빈도가 높을 경우 추가적인 확폭량을 산출하여 고려해야 한다.

확폭량은 기준 차량의 제원, 곡선반경, 진행방향 각 변화량, 운행궤적과 관련이 있으며, 주차부지 설계 시 적용되어야 하며, '도로의 통행성 검토를 위한 설계기준 차량과 곡선부 주행궤적'을 참고로 한다.

방향각 변환 시 주차장에서의 U턴이나 회전램프의 우측각이 추가 확폭량 최대치인 i_{max}에 도달하게 되며, 간략한 기하학적 공식으로부터 산출될 수 있다(그림 4.1).

최대 확폭량은

$$i_{max} = R_a - \sqrt{R_a{}^2 - D^2}$$

최대 확폭량은 다음 공식에 의해서도 정확하게 산출될 수 있다.

$$i_{max} \approx \frac{D^2}{2 \cdot R}$$

여기서 i_{max} [m]＝최대 확폭량

        R_a [m]＝외곡선반경

        R [m]＝앞차축 중심 곡선반경

        D [m]＝Deichsel 수치

Deichsel 수치 D는 부록 D의 설계기준 차량으로부터 참조한다.

4.2.1.5 이동과 차량간 교행 시 확폭량

차량 진행방향의 횡방향 움직임과 돌출부분, 예를 들어 Back mirror 등은 설계기준 차량의 폭원에 추가적으로 고려되어 운행 중 운전자에게 필요한 이동 중 여유공간을 제공한다(그림 4.1). 승용차의 경우 모든 차량 측면과 모서리를 기준으로 하여 차도부에서의 추가치는 0.25 m, 램프의 경우 0.5 m, 주차통로에서는 0.125 m 이상 설정해야 한다. 화물차의 경우 측면 여유 간격을 0.25 m, 버스의 경우 0.5 m를 반영한다.

차로나 램프에서 차량간 교행이 빈번할 경우 중앙경계석 등을 통하여 최소 0.25 m, 가급적 0.5 m를 확보토록 한다.

두 대 차량 간 공간에 승용차가 평행으로 주차할 경우 차량길이에 추가적으로 10 m의 여유 길이를 두도록 한다. 주차면이 표식될 경우 2.0 m의 여유가 확보되어야 한다.

두 대 주차차량간 최소 6.5 m 폭원의 주차통로로부터 화물차나 버스가 주차하게 될 경우 최소한 차량길이만큼의 여유길이가 확보되어야 한다. 차량의 앞 내민길이로부터 많은 면적이 측면으로 침범하게 된다. 독립적인 출차에 있어서 화물차나 버스당 평행주차의 경우 차량길이에 추가하여 최소 6 m의 여유길이가 확보되어야 한다.

4.2.1.6 간격

고정된 장애물에 대한 구조물이나 식재 등에 대하여 차량 움직임에 있어서 안전간격을 유지해야 한다(그림 4.1). 이는 입차와 출차 과정에는 이미 충분한 여유공간이 확보되어 있으므로 적용되지 않는다. 주차통로와 직선램프는 0.25 m, 차로와 곡선램프에서는 0.5 m 이상을 유지해야 한다. 램프와 곡선부 차로에서는 이 간격이 유도경계석을 통하여 확보되어야 한다.

주차 차량간 또는 구조물간 기준이 되는 측면 간격은 승용차나 이륜차의 경우 주차 방식에 관계없이 0.75 m를 유지한다. 이 정도로 측면으로의 접근이 충분히 가능하다. 협소한 접근이

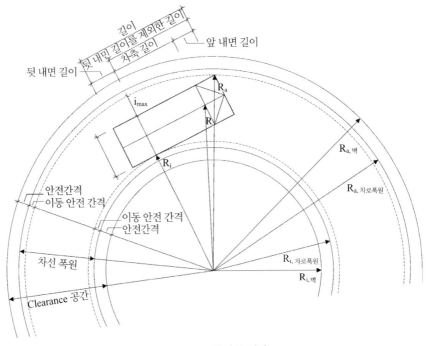

그림 4.1 곡선부 기하

발생할 수 있을 경우, 특히 주차회전율이 낮거나 지역 사정에 밝은 이용자들이 대부분일 경우 통과 폭이 0.55 m로 축소될 수도 있다. 협소한 접근으로 인한 기준치를 넘지 못할 경우 실제 활용되는 주차면수는 축소되어 주차부지의 비효율적인 운영을 초래한다. 독립 차고지의 경우 운전석 측면에서는 기준 측면간격을 확보하고, 보조석 측면에서는 이동 여유공간을 확보하는 것만으로도 만족된다. 휠체어용 주차면의 경우 기준 간격을 1.75 m로 확보한다.

화물차 주차의 경우 차량간 그리고 측면 제한 간격을 1.0 m로 한다. 측면에서 하역이 이루어질 경우 간격을 더 넓히도록 한다.

버스 주차의 경우 차량간 측면 제한 간격을 여유로운 승하차를 위하여 1.5∼2.0 m로 한다.

각 주차와 직각 주차의 경우 차량길이 방향의 안전간격은(그림 4.3) 차량 모서리를 기준으로 하여 차량통로 축의 수직방향으로 측정하여 승용차 0.3 m, 화물차와 버스의 경우 1.0 m, 자전거는 0.1 m로 한다. 이중 주차의 경우 승용차는 약 0.4 m를 준수토록 한다.

4.2.2 승용차 – 주차면 기하

4.2.2.1 주차면 폭원

평행 주차　　횡단보도의 연석으로부터 정규 폭원은 2 m이다. 벽면에 있을 경우 보조석의 승하차를 위하여 폭원을 2.3 m 이상으로 한다. 주차 회전율이 낮거나 차량 흐름에 방해가 되지 않을 경우 제시된 수치보다 약간 낮게 정할 수도 있다.

각 주차와 직각 주차　　4.2.1.6절에 따른 기준 측면간격에 대하여 다음과 같은 주차면 폭원이 결정된다(그림 4.2).

- b=2.5 m, 측면이 없을 경우
- b=2.85 m, 측면이 하나만 있을 경우
- b=2.9 m, 측면이 양쪽에 있을 경우

축소된 차선폭원은 공공적으로 이용되는 주차부지에는 적용하면 안 된다. 승하차 인원이 적은 개별적인 경우 건축법적으로 0.2 m까지 민영주차장의 교통기술적인 측면에서 허용 가능한 수준으로 축소할 수 있다.

주차면간 피할 수 없는 기둥이나 벽은 주차통로 경계로부터 0.75 m 이격하며, 그렇지 않을 경우 이 간격은 곡선부의 입출차에 필요한 면적으로 활용된다.

주차폭원을 2.1 m까지 제한하는 것은 차량 회전이나 차량의 문을 개폐하지 않는 지역에서 가능하다.

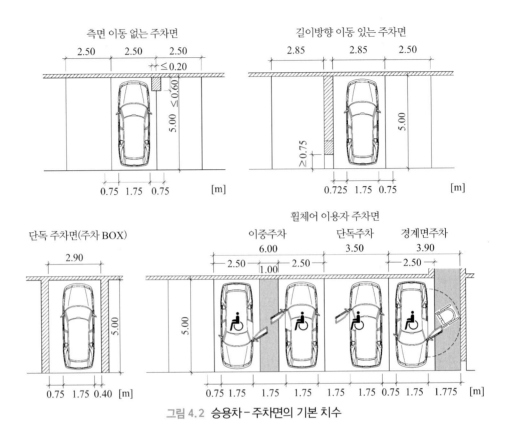

그림 4.2 승용차 – 주차면의 기본 치수

길이방향으로 도로연석에 붙어있는 측면 주차면은 기준 측면간격이 승하차에 지장을 주지 않을 경우 b=2.25 m까지 축소할 수 있다.

휠체어 주차면은 3.5 m 폭원이며 고정 시설물이 있을 경우 3.9 m로 한다. 여기에는 차량 측면 옆 공간의 휠체어 이동면적을 포함한다.

보도의 형태 등 최소한 1.5 m의 충분한 이동공간이 확보될 경우 정규 폭원의 주차면이 허용된다. 이동면적이 공유되는 이중주차면도 가능하다(그림 4.2).

4.2.2.2 주차면 길이 / 주차면 깊이

평행주차에서 일반적인 후진주차의 경우 차선표식 없이 '주차면 길이'를 5.2 m로 적용한다. 표식된 주차면의 경우에는 최소 5.7 m로 하여 설계기준 차량이 언제든지 주차할 수 있도록 한다. 후진주차 시 자전거 통행에 불편을 끼쳐 전진주차가 필요할 경우 주차면 길이는 6.70 m로 한다.

각 주차와 직각 주차의 차로로부터 수직으로 측정한 주차면 깊이는 **주차각**, 설계 차량의 길이와 폭, **안전간격**과 관련 있다. 그림 4.3에 제시된 수치로부터 임의의 주차각에 따른 주차면 깊이를 산출할 수 있다. 승용차를 기준으로 한 수치는 그림 4.4에서 산출한다.

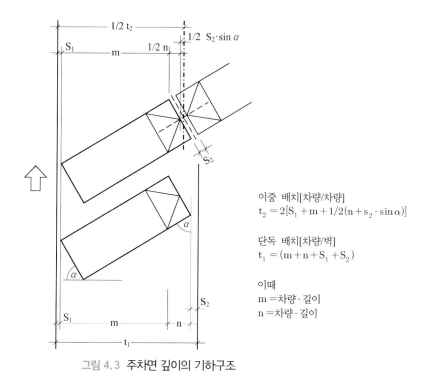

이중 배치[차량/차량]
$$t_2 = 2[S_1 + m + 1/2(n + s_2 \cdot \sin\alpha)]$$

단독 배치[차량/벽]
$$t_1 = (m + n + S_1 + S_2)$$

이때
m = 차량·길이
n = 차량·길이

그림 4.3 주차면 깊이의 기하구조

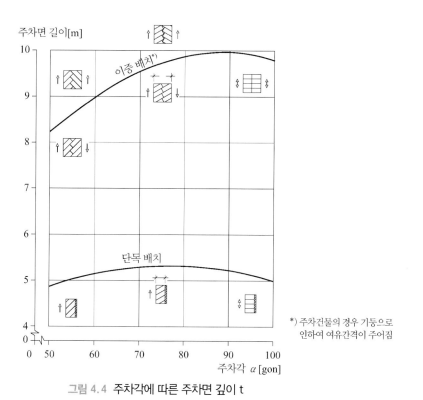

*) 주차건물의 경우 기둥으로
인하여 여유간격이 주어짐

그림 4.4 주차각에 따른 주차면 깊이 t

4.2.2.3 주차통로 폭원

주차각, 주차면 폭원 b, 주차방법과 측면 여유공간이 주차통로의 필요한 폭원 g를 결정한다 (그림 4.5).

평행주차에 필요한 **통로폭원**은 후진주차의 경우 3.5 m와 전진주차의 경우 3.25 m가 필요하다. 각 주차와 직각 주차의 경우 주차면 폭원이 b=2.5 m인 공공주차장의 일반적인 경우 설계 기준 승용차가 최소한의 소요면적을 필요로 하는 주차를 한다는 가정 하에 표 4.1에 제시된 주차통로 폭원을 지침으로 한다.

표 4.1 주차폭원 b=2.5 m 주차각에 따른 전진주차 시 주차통로 폭원 g

주차 각도(gon)	50	60	70	80	90	100
차도 폭(m)	3.00	3.50	4.00	4.50	5.25	6.00

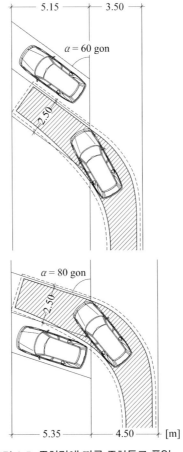

그림 4.5 주차각에 따른 주차통로 폭원 g

주차폭원이 b=2.5 m 미만으로 설계될 경우, 예를 들어 민영 직원주차장의 경우 제시된 통로폭원을 유지하려면 일반적으로 2~3차례의 주차과정이 필요하다. 대형 승용차의 주차 조정과 다수의 후진 주차를 감수할 경우 집산도로와 국지도로의 차로폭원 5.5 m로 직각 주차가 가능할 수 있다.

일방통행의 최소 통로폭원은 3.0 m이다. 이 수치는 승용차와 보행자가 교행하는 경우와 안전간격 0.25 m를 고려한 것이다.

양방향 통행로의 경우 최소폭원은 4.5 m이다. 이 수치는 승용차간의 상충 4.0 m와 양측의 안전간격 각 0.25 m를 고려한 것이다.

최대 통로폭은 6.0 m를 초과하지 않도록 하여 차량들이 불법으로 주차하는 것을 방지한다. 후진으로만 주차하는 직각 주차와 같이 특수한 경우 통로폭원은 4.5 m로 축소할 수 있다.

4.2.2.4 내민차로(Overhang lane)

각 주차와 직각 주차에서 보도나 자전거 도로 또는 분리 차로와 이용된 면에 모서리 침범을 통하여 제한될 경우 주차 시 차 앞면 끝부분은 침범되는 것으로 간주한다. 이에 따라 차량 앞내민 길이는 주차면 깊이를 넘어서 돌출되지 않으며, 주차면의 연석은 뒤에 설치할 수 있다. 연석 높이는 8 cm로 한다.

내민차로의 폭원은 승용차의 경우 주차각에 무관하게 ü =0.7 m로 고정된다. 여기에는 보호 간격 0.2 m가 포함되어 있다(그림 4.6). 이 수치는 약간 적거나 번호판 등과 상관이 없을 경우 약간 변경될 수 있다.

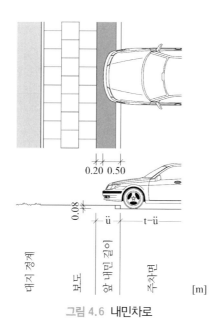

그림 4.6 내민차로

충분한 내민차로의 주차 차로 또는 주차 섬과 연결된 보도나 자전거 도로는 교통공간 내에서 정확하게 경계되어야 한다. 고정된 장애물(기둥, 나무 등)은 내민 차로를 침범해서는 안된다.

연석에 접한 평행주차를 각 주차 또는 직각 주차로 변경할 경우 경계된 이용면적이 차량의 앞 내밈으로 인하여 제한받게 되는지를 주의해야 한다.

4.2.2.5 중간차로

주차각이 큰 각 주차나 직각 주차의 경우 차로의 폭원이나 좁은 차로의 경우 주차면으로의 접근이 전적으로 불가능하거나 수차례의 주차과정을 거치게 된다. 필요한 도로 폭원 g와 실제 확보된 차로폭 f를 맞추어 주기 위하여 폭원이 $z \geq (g-f)$인 **중간차로**를 도로경계와 주차면 사이에 확보해야 한다(그림 4.7).

필요할 경우 최소 필요 차이 $z \geq (g-f)$를 확대하거나 입출차와 상관 없이 하역차로 등으로 별도로 설치할 수 있다. 개별적인 경우 중간차로는 주차면 앞에 설치된 도보를 활용할 수도 있다. 효율적인 토지 이용은 중간차로의 폭원이 주차면 기하구조의 조건과 동일할 경우 이루어지게 된다.

중간차로를 설치하여

- 비어 있는 주차면의 인지가 용이하고 원활한 주차가 가능
- 촘촘히 주차된 구역으로부터 후진이 용이하고, 출차하는 운전자가 교통흐름을 쉽게 인지할 수 있음
- 입출차 과정이 인접한 차로에 제한된 범위 내에서 이루어질 수 있음
- 배송차량이 단시간에 정차할 수 있고 불법으로 주차한 차량이 추월이나 교차할 경우에 필요한 폭원을 유지하는 내에서 하역차로의 확보가 어려울 경우
- 화물차/승용차-교차로가 점유된 차로에서 화물차-이동이 가능함

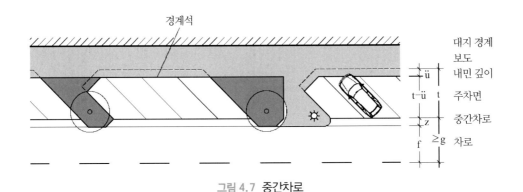

그림 4.7 중간차로

• 주차된 차량 사이와 운행 중인 차량간을 횡단하는 보행자에게 거리를 확보케 하여 보행자의 시거와 안전을 개선함

중간차로에 원하지 않는 주차를 금지하기 위하여 이 폭원은 0.75 m를 넘어서는 안 된다. 주차폭이 2.5 m일 경우

• 차로폭원이 3.0 m인 경우 주차각이 65 gon까지일 경우 주차과정은 우측차로의 경계까지 제한된다.
• 차로폭원이 6.5 m일 경우 화물차/승용차 교행 시 감소된 속도로서 배송차량의 주차 가능성이 확보된다.
• 직각 주차의 경우 5.25 m 차로 폭원일 경우 주차과정 없이 전진 주차가 가능하다.

중간차로가 도로나 자전거도로의 일부로 인식되지 않도록 도로나 주차구역의 재질과 차이를 두고 확실한 단절을 해야 한다.

4.2.3 화물차와 버스의 주차면 기하구조

4.2.3.1 주차면 폭원

화물차와 버스의 규정 주차폭원은 평행주차일 경우 3.0 m이다. 각 주차와 직각 주차의 경우 3.5 m이며, 이 경우 승하차가 가능하다. 주차된 차량 사이에서 하역이 이루어질 경우 모든 주차 형태에 따라 주차면 폭은 4.0 m에서 4.5 m까지 확대한다.

4.2.3.2 주차면 길이 / 주차면 깊이

주차면 길이가 15 m부터 12-m-버스, 21 m부터는 굴절버스가 평행주차로서 항상 출차할 수 있다. 두 대의 주차차량 틈으로부터 전진 주차할 경우 차량 길이의 2배에 해당하는 '주차면 길이'가 필요하다.

각 주차와 직각 주차에서 화물차와 버스에 적용되는 주차면 깊이는 설계기준 차량 제원(부록 D), 주차형태(4.2.1.3절)와 결정된 안전간격으로부터 산출된다(4.2.1.6절 참조).

일반적으로 적용되는 각 주차에 대해서 다양한 **설계기준 차량**에 대하여 그림 4.8에 제시된 기본 치수를 적용한다. 제시된 수치는 측면 공간이 차량내민길이 0.5 m가 중첩된다는 것을 가정한 것이다. 이 면적은 따라서 고정된 시설물로부터 비워 놓아야 한다. 직각 주차와 특수 차량에 대해서는 4.2.2.2질의 치수를 적용한다.

4.2.3.3 주차통로 폭원

화물차와 버스 주차시설 내 주차 통로는 일반적으로 일방통행으로 운영한다.

평행차량 차로 옆의 통로는 최소 6.5 m를 확보해야 한다. 각 주차의 경우 5.75 m에서 6.5 m의 폭원을 갖게 된다(그림 4.8).

직각 주차는 화물차-주차시설의 경우 적용하지 않는다. 버스주차장이나 버스 정류장에서는 적용 가능하다. 이때 측면 공간이 승하차에 활용되는지 여부를 구분한다. 관광버스의 통로 폭원은 표 4.2에 제시되었다.

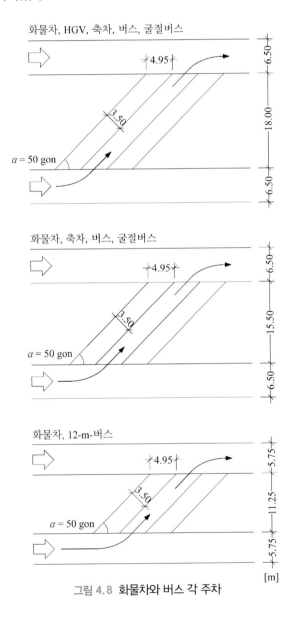

그림 4.8 화물차와 버스 각 주차

표 4.2 관광버스 직각 주차 통로폭원

비고	측면 공간 침범 가능		측면 공간 침범 불가능	
	진입 폭원(m)	진출 폭원(m)	진입 폭원(m)	진출 폭원(m)
12 – m – Bus	8.30	8.30	12.30	10.00
15 – m – Bus	13.00	8.50	20.20	13.00

4.2.4 자전거 주차시설 기하구조

4.2.4.1 자전거 고정시설 형태

자전거 고정시설의 가장 단순한 형태는 거의 대부분 자전거 종류에 이용 가능한 틀(Frame) 고정기이다. 틀 고정기는 자전거의 보관과 분실을 효율적으로 예방한다. 핸들 고정기는 자전거 고정기의 요구조건을 충족시키지 못한다. 물건을 싣거나 내릴 때 잘 고정되지 않으며, 어린이 자전거에는 적당하지 않다. 앞바퀴 고정기는 앞바퀴만을 고정한다. 따라서 안전한 보관이나 도난에 취약하다.

자전거 고정기에 대한 세부 사항은 '주륜시설 지침서'의 이용 형태를 참고한다.

4.2.4.2 자전거 주륜면 규격

주륜에는 다양한 형태가 가능하다. 높이를 엇갈리게 하는 주륜 형태가 자전거를 밀도 있게 보관할 수 있어 가장 많이 활용된다. 엇갈린 높이 주륜에서 얻어진 면적의 장점은 핸들의 중첩이나 케이블, 라이트, 브레이크 등의 부속품 파손을 유발하는 단점과 상쇄된다. 자전거를 잠그기 위하여 측면으로 접근하는 것은 불가능하다. 이러한 단점으로 인하여 동일 높이의 주륜이 선호된다. 이중 주륜의 경우 일반적으로 전륜 중첩에 따른 면적 확보에 장점이 있다(그림 4.9).

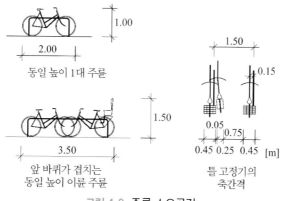

동일 높이 1대 주륜

앞 바퀴가 겹치는
동일 높이 이륜 주륜

틀 고정기의
축간격

그림 4.9 주륜 소요공간

주륜된 간격이 기준치보다 좁은 경우 실질적으로 이용 가능한 주륜면의 비율은 감소된다. 핸들 고정기와 전륜 고정기는 축간 간격이 여유 있는 경우 1.2 m, 좁은 경우 0.8 m이다. 그러나 실제 적용에 있어서는 추천되지 않는다(4.2.4.1절 참조).

4.2.4.3 주륜시설의 통로

주륜면 앞에는 주륜각 α에 따라 폭원이 결정되는 통로가 설치된다. 출차와 입차의 경우 주차 각 설정방향이 용이하다(그림 4.10).

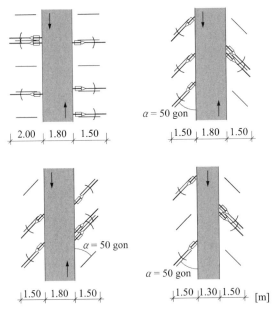

그림 4.10 주륜시설의 주차면 규격과 통로 폭원

4.2.4.4 모터사이클 주차면 규격

모터사이클(Motorcycle) 주차시설은 모터사이클의 주차가 선호되는 지역에 제한된다. 모터사이클과 모터사이클간의 축 간격은 직각 주차의 경우 약 1.5 m 그리고 각 주차의 경우 약 1.1 m로 한다(그림 4.11).

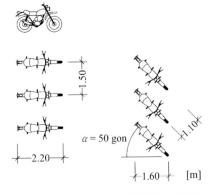

그림 4.11 Motorcycle의 주차 소요면적

4.3 노상주차와 하역공간

4.3.1 도로의 공간배치

주차와 하역공간은 다양한 이용요구를 반영하여 다음과 같은 도로공간에 배치된다.

- 도로(표식을 안 하거나 주차선 표식)
- 주차구역(전면돌출 연석)
- (광폭) 중간차로 또는
- 측면공간(표식된 면적 또는 면적 배정 없이)

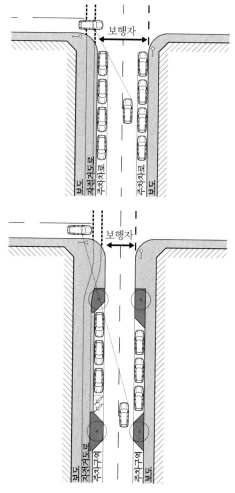

그림 4.12 주차차로 / 주차구역 비교

주차구역이 주차차로보다 다음과 같은 이유로 선호된다.

- 교차로에서 운전자들과 운전자와 보행자간의 시인성 증대
- 교차로의 자전거 도로가 차로 끝의 자전거 차선으로 유도되기 용이
- 보행자와 자전거의 횡단거리가 감소(운전자에게는 이외에도 위험영역에 대한 '임계'가 확보).
- 주차차량이 많은 경우 보행자 횡단이 적절한 지점에서 집결
- 도로의 경관이나 녹색 면적이 확보
- 도로에서 차로의 위압감을 감소

주차차로나 주차구역의 시종점부는 교차로에서 충분한 가시영역을 고려하여 결정한다.

주차수요가 높을 경우 주차면은 도로 끝단에 체류공간을 확보하거나 자전거 흐름을 개선하기 위하여 중간차로에 설치할 수도 있다. 단점으로는 주차 이용자가 차로를 횡단해야 하고 중간차로의 식재들의 생장조건에 악영향을 미치게 된다.

도로끝단에 주차면을 설치하는 것은 공간 배분상 가능하거나, 도로폭원이 주차구역을 동시에 설치하고도 충분히 넓은 측면공간이 허용되지 않을 경우 바람직하다. 주차 시간이 짧거나 지역적으로 주차장소 변동이 가능한 경우 주차장소의 지정이 불필요거나 허용 주차지역이 연석이나 다른 구조물에 의하여 설치되지 않을 경우 다기능 이용, 예를 들어 확충된 보도와 체류공간으로서 가능하다.

4.3.2 승용차 – 주차면

4.3.2.1 개요

차량주차 대부분의 형태는 도로의 다른 이용상의 목적들을 효율적으로 고려하여 결정한다. 주차방법의 선택은 확보된 면적의 폭원과

- 도로 운영이 입출차 시 반대편 차로의 이용을 허용하는지
- 도로나 도로측면 공간에서 주차차량을 위한 다양한 이용들이 허용되는지
- 입출차 시 자전거도로 등 다른 교통공간을 침범할 수 있는지
- 가능한 한 많은 장소에서 차로를 횡단하는 운전자, 자전거와 보행자 간에 가시거리가 확보되어야만 할 경우, 예를 들어 개별 주차면들을 포기하거나 지점별 측면을 우선하는 등
- 주차공급을 집중하여 도로의 일부 구간에서 전면적 또는 한쪽의 주차면을 제거하려고 할 때

표 4.3 도로의 승용차 주차면과 도로의 규격

비 고	주차각 α(gon)	차도축으로부터 길이 (m)	앞 내민 차선 폭원 (m)	주차면 폭원 (m)	도로 전면길이(m) 진입 시		차도 폭원(m) 진입 시	
					전진	후진	전진	후진
평행 주차	0			2.00	6.70	5.70 5.20	3.25	3.50
사각 주차 $l = \dfrac{b}{\sin \alpha}$	50	4.15	0.70	2.50	3.54		3.00	
	60	4.45	0.70	2.50	3.09		3.50	
	70	4.60	0.70	2.50	2.81		4.00	
	80	4.65	0.70	2.50	2.63		4.50	
	90	4.55	0.70	2.50	2.53		5.25	
직각 주차	100	4.30	0.70	2.50	2.50	2.50	6.00	4.50

- 분산된 자전거 주륜을 위한 면적을 우선시 할 때
- 도로공간의 경관적인 측면, 예를 들어 공간 배분 또는 경관 개념 등이 특정한 주차 형태를 요구할 경우

교통량이 많은 신호교차로에서는 추가적으로 주차차량 방식이 교통류와 상호 상충이 발생하지 않는지를 검토한다.

승용차 주차면 규격과 도로폭원은 표 4.3을 참고한다. 차선표식 지침은 6.4.2절을 참고한다.

4.3.2.2 도로와 도로측면의 주차면

평행 주차

- 간단하며 출차과정에서 교통 흐름에 미치는 영향이 적다.
- 하역과정에 가장 적절하다.
- 도로경관적 측면에서 상대적으로 문제가 적다.

단점

- 주차면이 많이 점유되었을 경우 필요한 후진 주차 시 후속 운전자들에게 장애를 미칠 수 있고, 자전거에게도 위험을 미칠 수 있다.

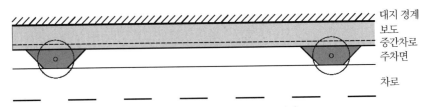

대지 경계
보도
중간차로
주차면

차로

그림 4.13 표식되지 않은 승용차 평행주차

- 승하차 시 자주 다른 교통수단의 공간(예를 들어, 좌측 차로, 우측 자전거 도로)을 침범하여 장애나 위험을 초래할 수 있다.

자전거도로에 대한 경계에는 주차면 옆에 안전 분리차로로 폭원이 ≥ 0.75 m, 보도에 대하여는 ≥ 0.5 m가 설치되어 부주의한 개문(開門) 시 사람들에게 장애나 피해가 발생하지 않도록 한다(그림 4.13). 안전 분리차로는 시각 장애우들을 위해 자전거나 보도와는 다른 형태의 포장을 하도록 한다.

각 주차
- 부지 특성이나 도로면에 집중된 주차공간 수요에 효율적으로 적용하는 것을 가능케 한다.
- 만일 차량 진행방향으로 비어 있는 주차면이 쉽게 인지될 경우 교통흐름으로부터 장애 없는 주차를 가능케 한다.
- 다른 교통당사자들에게 장애나 위험 없이 안전한 승하차를 가능케 한다.
- 중간차로를 이용하여 출차할 경우 교통흐름에 장애를 미치지 않는다.
- 보행자가 차도로 갑자기 뛰어드는 것을 방지하며, 주차면이 밀집한 지점에서 돌출된 측면 공간으로 횡단을 모으게 된다.
- 대부분 필요한 중간차로에서 단시간의 하역이 가능하다.

단점
- 각 주차면이 도로공간 구조 상 융합되기가 어렵다.
- 측면공간의 각 주차 주차구역에서 비효율적인 삼각형 모서리 면적이 발생한다.
- 각 주차는 일반적으로 한 방향으로만 주차가 가능하다.
- 입출차 시 주차각이 작을 경우 옆 차로를 침범하게 되어 추가적인 중간차로가 필요하다.

직각 주차는
- 부지에 대한 적응성이 높거나 도로 한 면에 집중된 주차수요를 처리하기 편하다.
- 상황에 따라 양방향에서 입출차가 가능하다.
- 다른 차량이나 보행자에 장애나 위험을 초래하지 않는 안전한 승하차가 가능하다.

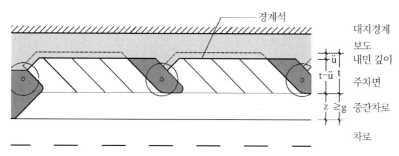

경계석

대지경계
보도
내민 깊이
주차면
중간차로
차로

그림 4.14 차로 외부의 입출차

단점

• 입출차 시 일반적으로 두 개의 차로가 이용된다.

• 각 주차와 직각 주차는 항상 중간차로와 연계되어 고려된다(4.2.2.5절 참조).

주차구역이 차도경계와 주차면 사이에 중간차로가 필요 통로폭 g를 충분히 확보할 경우 입출차는 교통흐름에 영향을 미치지 않는다(그림 4.14).

이러한 형태는 교통량이 많거나 속도가 높은 도로에 예외적으로 적용된다. 주차수요가 많은 경우 중간차로는 주차차량으로 점유되어 출차 시 시인성을 악화시키고 주차면으로부터의 출차를 막기도 한다.

연도에 상업시설이 많을 경우 차선표식이나 StVO 286('제한된 정차 금지')을 활용하여 넓은 중간차로를 하역차로로 배정하고, 적절한 감시를 통하여 배송차량이 이용할 수 있도록 한다(4.3.3.3절).

일반적으로 주차각은 주차과정에 있어서 교통흐름에 미치는 영향이 우측차로에만 국한되도록 결정한다. 확보된 차로폭원 f가 필요한 차로폭원 g보다 좁을 경우 폭이 $z=(g-f)$ 차이를 확보하도록 중간차로를 설치하도록 한다.

교통량이 적은 도로에서는 전체 차로가 주차과정에 이용될 수 있다. 일반적으로 좁은 도로폭원으로 인하여 상대적으로 넓은 중간차로가 필요하며, 이는 차량간 상충이나 추월이 거의

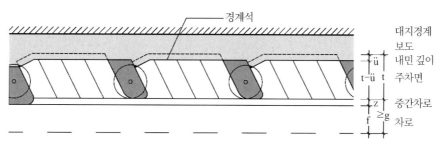

경계석

대지경계
보도
내민 깊이
주차면
중간차로
차로

그림 4.15 인접한 차로를 공유하는 주차과정

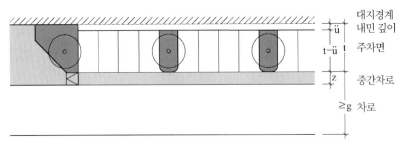

그림 4.16 인접 차선의 공동 사용 및 아웃권한

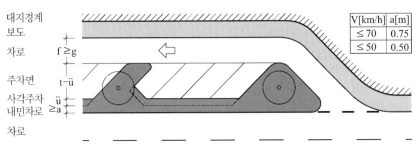

그림 4.17 연결차도의 주차구역 사례

없는 상황에서 다른 용도로 활용된다. 중간차로가 보행영역으로 활용될 경우 면적 활용을 최소화하는 횡단면 설계가 가능하다. 이때 교통량이 적고, 속도가 낮으며, 주차회전율이 적어야 한다. 보도 후면의 주차는 보행자와 운전자간의 시인성을 높이며, 보도 주차를 금지하게 된다(그림 4.16).

4.3.2.3 연결차도의 주차면

특수한 경우에 주차구역은 교통흐름을 위하여 차도로부터 분리되어 연결차도에 접속될 수 있다(그림 4.17). 이와 같이 면적을 많이 소모하는 주차 형태는 연도 시설로의 교통량이 많은 경우 교통흐름에 장애를 감소하기 위하여 적용된다.

주차구역과 주도로간의 측면차로의 폭은 도로조명을 위한 교통표식 등이 설치될 수 있도록 크기를 정해야 한다. 주도로에 대한 안전간격과 각 주차와 직각 주차일 경우 돌출길이를 고려해야 한다. 묘목이나 관목이 식재될 경우 5.3절을 참고한다.

4.3.2.4 중간차로의 주차면

주차면은 주차구역에 배치된다. 설계 시 안전간격과 돌출폭원을 주의한다(그림 4.18). 중간차로가 설치되지 않을 경우 후진 출차 시 위험이 발생한다.

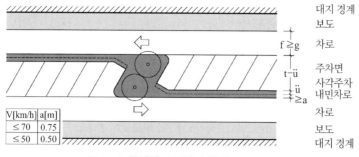

V[km/h]	a[m]
≤ 70	0.75
≤ 50	0.50

그림 4.18 중간차로 주차면 설치

직각 주차에서 주차면의 배치가 차량통과가 가능토록 되어 있으면 양방향으로부터 주차가 가능하거나 전진과 후진으로 출차할 수 있다. 이와 같은 유연성은 교통흐름에 장애를 미칠 수 있다.

4.3.2.5 측면공간의 주차면

평행 주차, 각 주차와 직각 주차는 측면 공간에 지역적인 여건이 허용되고 입출차 시의 조건들이 만족될 수 있으면 주차구역과 동일한 방법으로 적용이 가능하다. 경계를 표시하지 않을 경우 보도와 체류공간이 불법적으로 침범받거나 주차목적으로 활용되지 않도록 주의한다.

평행 주차의 차도 인접한 주차면은 특히 측면공간에 효율적으로 적용될 수 있다(그림 4.19). 차선표식과 재료의 차별화를 통하여 쉽게 인지시킬 수 있다. 이용의 제한은 규제표지를 이용한다. 평행 주차면에 주차수요가 높을 경우 문제가 발생할 수 있다.

측면공간이 부분적으로 넓어 주차구역이 연접시설로의 잦은 통행으로 조건적으로 가능하거나 차량통로가 연접시설 진입로와 공유할 수 있을 경우 구역별로 상이한 입출차 형태를 취하는 소규모 '주차장'의 형태로 운영할 수 있다. 입출차 과정은 차도 외부에서 발생할 수 있다. 주차시간이 짧을 경우 차도로부터 비어있는 주차면을 찾기가 쉽지 않으므로 입출차는 적절하지 않다.

주차수요와 공급이 평형을 이룰 경우 주차면을 건설, 구조적으로 고정시키는 것은 측면공간의 다양한 기능 수행을 위하여 바람직하지 않다(그림 4.20).

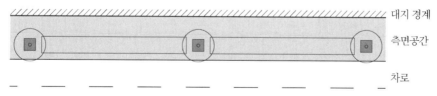

그림 4.19 측면공간의 평행 주차

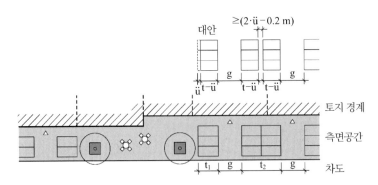

그림 4.20 측면공간의 구간별 승용차-주차면

주차수요가 높거나 이용집중도가 높을 경우에는 구조적으로 분리된 형태가 바람직하다. 이를 통하여 주차면간의 연결된 영역이 공공이나 민간의 녹지공간이나 체류공간으로 확보 또는 유지될 수 있다(그림 4.20).

4.3.3 하역공간

4.3.3.1 개요

지자체 조례에 따라 상업적인 목적을 위한 **하역공간**이 계획단계에서부터 사유 연접시설에 반영되거나 이용변경 시에도 추후에 확보되어야 한다. 도심지역이나 부도심의 경우 이 조건이 항상 만족되지 않는다. 따라서 하역을 위한 공간은 주로 도로공간에서 이루어지게 된다.

원칙적으로 StVO 12 규정에 따라 공공도로의 차도 끝부분이나 차로 이외의 표식된 지역에서 하역이 가능하다. 하역면적이 보도, 통학로, 정류장 등에 배치될 경우 시인성 확보에 특히 주의해야 한다. 나아가 초행의 배송자가 먼저 배송주소로 접근한 이후 배송면적을 찾도록 해야 한다.

공공도로공간에서 하역을 위한 기본 규격은 배송차량의 제원과 차량 자체, 차량 후면의 하역장비에 필요한 소요면적과 주차과정에 필요한 소요면적 및 화물의 일시적 적재를 위한 소요면적으로부터 산출된다. 소형화물차의 경우 하역을 위한 최소 소요면적은 2.3 m 폭원과 10.0~12.0 m의 길이가 필요하다. 대형화물차량의 경우 최소 소요면적은 2.5 m의 폭원에 12.0~14.0 m의 길이가 필요하다. 추가적으로 약 3.0~5.0 m²의 면적이 배송된 화물의 단시간 적재를 위하여 측면공간에 확보되어야 한다. 이 면적은 자전거도로와 보행도로에 설치되어서는 안 된다.

하역공간의 공급은 수요에 대응하여 결정된다. 이때 소규모 상업시설의 경우 배송차량의 운송 편차가 매우 크다는 것을 고려해야 한다. 배송이 집중적으로 발생할 경우의 기준값으로 도로연장 100 m 간격으로 2~4개의 하역공간을 확보토록 한다.

하역에 있어서 평행 주차가 소요면적이나 접근성으로 인하여 가장 효율적이다. 여유 있는 하역은 하역면적의 폭과 길이를 동시에 최솟값을 적용하지 않거나 비어있는 연접시설 진입로의 전후 공간을 이용하여 이루어질 수 있다. 하역공간의 수용성은 양호한 인지도와 배송지까지의 최종 거리에 따라 결정된다. 50 m 이상의 배송거리는 수용되지 않는다. 하역공간은 차로를 횡단하여 화물 배송이 이루어지지 않도록 설치된다.

4.3.3.2 차도 하역공간

차도에서 하역이 이루어질 경우 교통흐름, 대중교통과 자전거 통행 등을 고려해야 한다. 2열에서 정차와 주차는 안전과 StVO의 도로교통 규정과 맞지 않아 적절치 못하다.

차량교통량이 적은 비주요 도로나 상업시설이 적은 경우 개별적인 배송과정은 별다른 규정에 적용 없이 차도에서 이루어질 수 있다. 이 경우 하역에 필요한 공간을 제외한 폭원이 기준이 되는 설계기준 차량이 통과할 수 있어야 한다.

정기적이며 공간적으로 제한된 하역과정은 교통량이 적거나, 대중교통, 보행자와 자전거의 중요성이 낮은 도로에서 도로 바깥지역의 배송차량을 위하여 시간적으로 제한된 주차제한과 배송차량을 위한 단기예약을 통하여 주차와 하역을 동시에 안전을 고려할 수 있다(4.3.3.3절과 4.3.3.4절).

주도로에서의 정기적인 하역은 교통흐름 장애로 인해 허용되지 않는다. 특히 신호교차로에 인접하거나 대중교통 차로나 정류장이 인접한 곳에서의 하역과정은 제한된다.

배송이 잦지 않거나 교통량이 그리 많지 않은 도로에서의 개별적인 하역은 대중교통 노선이 없을 경우 잔여 도로폭원이 승용차/승용차의 상충에 필요한 폭원 이상일 경우 가능하다(그림 4.21).

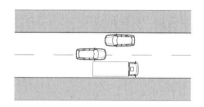

그림 4.21 도로의 하역공간

4.3.3.3 도로 측면 하역공간

시간적으로 무제한인 주차과정에 있어서 차로 측면에 하역차로나 하역구역을 배치하는 것은 바람직하다. 주차수요가 높을 경우 하역구역은 차량이 무단으로 점유하는 것을 방지하기 어렵다. 2열에서의 하역차량으로 인하여 교통장애에 대하여 민감한 도로구간의 경우 하역구역에 주차하는 것을 제한하기 위한 강력한 주차감시체계가 필요하다.

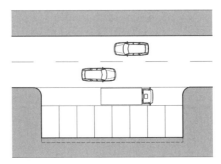

그림 4.22 차도 옆의 하역공간

충분한 면적이 확보되었을 경우 각 주차 또는 직각 주차 형태의 주차구역 앞의 하역차로에서 단시간의 하역이 이루어질 수 있다(그림 4.22). 평행 주차인 주차구역에서 주차차량이 하역차로와 주차구역을 각 주차와 직각 주차로 이용한다는 것을 염두에 두어야 한다.

완전한 하역차로 후면의 주차구역은 배송차량이 많은 경우 제한된 인식성과 접근성으로 인하여 장시간 주차가 주로 활용한다. 단시간 주차과정들은 배송차량간의 면적에서 이루어진다.

각 주차와 직각 주차인 주차구역 전면에는 원활한 교통흐름을 위하여 입출차 시 일반적으로 중간차로를 필요로 한다. 확폭된 차로인 경우 남아있는 차로 폭원이 상충 경우를 만족하게 될 경우 하역과정에 활용될 수 있다(그림 4.23). 좁은 중간차로에서 완전한 하역차로보다 단시간 주차에 의한 불법적인 이용이 덜 하다(4.2.2.5절).

차로에서의 하역공간 설치와 마찬가지로 차로 옆과 중간차로에 하역공간을 설치할 경우에도 보행자 횡단지점에 가시거리가 확보되도록 주의한다.

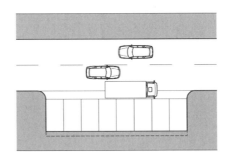

그림 4.23 중간차로 주차구역 전방의 하역공간

4.3.3.4 측면공간 하역공간

자전거와 보행로 후방 측면공간의 하역공간은 자전거와 보행자 간의 상충으로 인하여 단시간의 잦은 하역과정에는 비효율적이다. 어떤 경우에도 측면공간의 하역공간에서는 후진으로

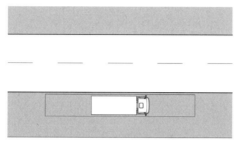

그림 4.24 측면공간의 하역공간

진입하거나 진출해서는 안 된다. 측면공간의 하역공간 사례는 그림 4.24와 같다.

넓은 측면공간과 이용도가 낮은 광장에서 하역과정은 지역적인 여건에 따라 측면공간에 면적을 지정하지 않고 하역작업을 수행할 수 있다.

4.3.4 화물차와 버스 주차면적

도로에서 화물차와 버스의 주차면적은 차량 제원 때문에 넓은 면적을 필요하므로 사유 토지가 필요하며, 예외적으로만 도로공간에 주차할 수 있다.

화물차와 버스가 도로공간에 주차가 가능할 경우 주차차로나 주차구역에 상관없이 평행 주차로 이루어져야 한다. 화물차와 버스는 일반적으로 3.0 m 폭원을 가져야 한다. 버스의 경우이 폭원은 승하차가 이루어지지 않거나 넓은 보행로가 확보되어 있을 경우에 적용된다. 개별주차면에 대한 차선표식은 생략된다.

4.3.5 이륜차 주차면적

자전거는 병원, 상점, 다세대주택 등과 같은 주변에서 수요에 따라 소규모 주륜장을 설치한다. 가능한 한 입구에 직접 연계되어야 하고, 승용차 주차면을 변형하여 활용할 수 있다. 승용차 주차면을 주륜장으로 전환하는 사례가 그림 4.25에 제시되었다.

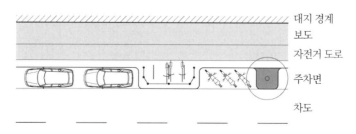

그림 4.25 이륜차 주차면

모터사이클을 위한 주차면이 설치될 경우 경사가 낮아야 하며, 가급적 평탄해야 한다. 주차구역의 일부(그림 4.25) 또는 측면공간의 적정한 면적들이 모터사이클 주차장으로 활용될 수 있다. 필요에 따라 도난방지장치나 잠글 수 있는 박스 등이 제공되어야 한다.

4.4 노외주차장

4.4.1 개요

공공도로공간 외부의 적정한 장소에 주차차량을 위한 주차장이 설치된다. 이는 정확하게 경계되어야 하고, 표식되며, 유도로와 주차면으로 분리되고, 명확한 진출입로를 갖추며, 적절한 녹지를 갖추어야 한다.

노외주차장의 입지와 환경영향평가에 대한 지침은 2.2.5절과 4.1.4절을 참고한다.

4.4.2 승용차와 모터사이클 주차장

4.4.2.1 정규배분

주차장이 크고 회전율이 높을 경우 일관되며 용량이 높은 교통유도가 필요하다. 이를 위해 보행자 목적지에 해당되는 영역으로 먼저 운행하고, 목적지 주차면에서부터 차례로 주차되도록 한다. 이를 통해 불필요한 주차배회 차량이 감소되고, 보행자에 대한 위험이 감소된다. 교통안전을 고려한 배치 방법에 대한 추가적인 지침이 6.4절에 제시되었다.

주차면 열과 차량통로의 승용차-주차장의 배치는 원하고자 하는 교통유도, 입구와 출구의 위치, 일방향과 양방향 통행 여부에 따라 결정된다. 모터사이클을 위한 주차면은 목적지 바로 옆에 배치해야 한다. 개별적인 주차면을 표식하지 않아도 된다.

가용 부지에 대한 배치가 자유로울 경우 부록 E의 그림 E.1에 따른 주차면적의 기본 배치계획을 통일되고, 가능한 한 주차각이 큰 주차면 설계를 한다. 하나의 주차통로에 좌우측으로 배치된 주차면 열인 주차 모듈의 규격은 부록 E의 표 E.1을 참고한다. 주차각이 약 80~90 gon인 경우 **주차모듈**당 면적 소요가 가장 적으며, 입출차가 용이하며, 동시에 차량 방향이 제시된다.

6.0~32.55 m 폭의 측면으로 제한된 이용면적에 있어서 개별적인 경우 부록 E의 표 E.2의 규격과 주차각의 주차면 구분을 참고한다. 전체 폭원 중 10 cm와 주차각의 3 gon까지의 오차

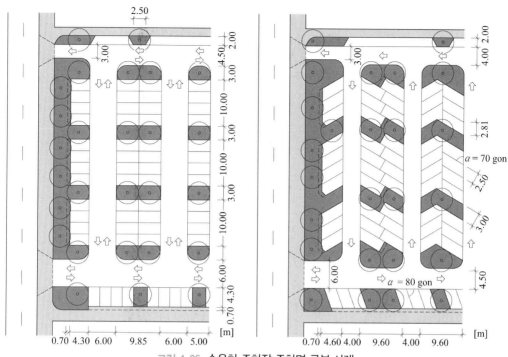

그림 4.26 승용차 주차장 주차면 구분 사례

는 허용된다. 표 E-2의 마지막 열에 '주차면/m²'이 경제성을 위한 비교수치로 제시되었다.

잔여면적은 적절한 경계단위(평행주차에서도)를 통하여 주차되거나 모터사이클을 위하여 예약된다. 승용차-주차장의 사례는 그림 4.26에 제시되었다.

주차면들에 대한 차량통로는 직선이어야 한다. 주차각의 변경은 차량통로를 넘어서 이루어져야 한다. 이때 보다 큰 차량통로 폭원이 기준이 된다.

차량통로의 3지, 4지 교차점에는 충분한 가시거리가 확보되어야 한다. 좁은 곡선의 내측에는 불량한 가시(可視)로 주차면을 설치하지 않는다.

일반적으로 주차장은 식재한다. 이는 그늘을 제공하고 공간을 형성하며, 크게 연결된 면적을 구분한다. 특별한 유도 기능을 갖는 다른 종류의 나무들을 식재하면 주차면을 다시 찾는데 도움이 된다. 식재에 대한 자세한 지침은 5.3절에 제시되었다.

나무와 모든 형태의 시설(예 : 기둥, 수전(水栓), 주차요금징수기 등)과 차량유도시설은 차량이 충돌하지 않도록 배치되어야 한다. 고정된 장애물에 대한 안전간격은 4.2.1.6절을 준수한다.

4.4.2.2 밀집 주차면 주차장

모든 차량이 동시에 출차되는 주차장, 대규모회사, 경기장, 야외공연장 또는 Ferry의 경우 앞뒤의 차량이 주차가 종료된 이후에 해당 차량이 주차하는 것이 허용되는, 집중된 면적이용

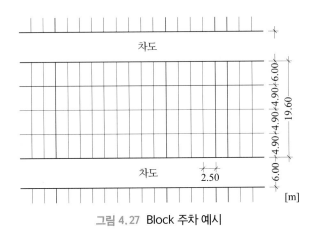

그림 4.27 Block 주차 예시

을 위하여 **밀집 주차면**의 구분이 가능하다. 보행자의 진입량에 따라 보도는 이용이 가능해야 한다.

대규모 행사의 경우 평행 형태의 차량군 주차가 추천된다. 일반적으로 운전자의 주차 유도를 위해 보조요원이 필요하며, 이들은 차량이 앞뒤로 조밀히 주차하는 것을 도와준다. 일반적으로 주차면에는 차선표식을 하지 않는다. 4~6열의 주차면 열로 구성된 개별 차량군 간에는 약 3.0 m 폭의 차량통로가 필요하다. 차량의 진출은 용이하며 연결되는 도로의 용량이 적을 경우에도 집중적으로 차량이 진출할 수 있다.

주차되는 차량 운전자간의 통행이 가능할 경우 사업지 주차장, 차량통로가 없는 폐쇄된 **블록 주차가 가능**하다. 그림 4.27의 그림과 같은 형태일 경우 6.2 승용차/100 m^{2}가 주차할 수 있다.

4.4.3 화물차와 버스 주차시설

주차장 외곽이나 도로변에는 버스를 위한 평행 주차차로 설치가 가능하다.

화물차와 버스들을 위한 각 주차 주차장은 전진으로 진입하여 다시 전진으로 진출할 수 있도록 설치된다. 주차 형태는 $\alpha = 50$ gon인 각 주차가 바람직하다. 주차면의 진입은 좌 곡선으로, 진출은 우 곡선으로 진행된다. 차량통로와 주차면들이 쉽게 인지될 경우 가장자리 차선표식은 생략될 수 있다.

버스정차시설과 버스정류장에서는 직각 주차가 가능하다. 버스 정류장에서는 정류장 모서리의 틈새를 아주 좁게 접근하여 편안하고 안전한 승하차가 이루어지도록 한다.

'휴게소 시설지침'으로부터 세부적인 사항을 얻을 수 있다. 나아가 **버스정류장의 계획, 건설과 운영지침**(Empfehlungen für Planung, Bau und Betrieb von Busbahnhöfen)', '**대중교통 시설지침**(Empfehlungen für Anlagen des Öffentlichen Personennahverkehrs)' 및 교통공사의 규정 등을 참고로 한다.

4.4.4 자전거 주륜 면적

4.4.4.1 공공자전거 주륜장

학교, 여가시설, 온천, 경기장, 대규모 산업, 상업시설과 CBD에는 일반적으로 대규모 주륜장이 필요하다. 보행지구 경계에 주륜장을 설치하여 정리되지 않고 방치된 자전거들이 보행자의 이동공간을 제약하거나, 도로경관에 미치는 영향을 감소한다. 필요할 경우 보행자지역 내에 추가적으로 소규모의 주륜장을 설치하여 자전거에 구매한 상품을 운반시킬 수도 있다.

대형 주륜장은 충분한 조명시설을 갖추어야 하고, 학교의 교실이나 공장의 경비실 등으로부터 지속적으로 조망되어야 한다. 장기간 주륜할 경우에는 주륜장에 지붕을 설치한다. '공공'을 통한 감시가 어려운 장소에는 자전거가 지속적으로 오고 가거나(예를 들어, 수영장 등) 주륜장이 외진 곳에 설치될 수 있으므로 감독하도록 한다. 대형 주륜장에는 충분한 지지력과 자물쇠를 갖춘 자전거 고정기를 설치한다.

주말시장, 쇼핑센터, 화원 또는 유사한 시설의 경우 주륜장에는 트레일러 장착 자전거를 위한 장소를 마련한다.

4.4.4.2 자전거 박스 주륜시설

자전거 박스(box)는 날씨 및 도난에 영향을 받지 않도록 보관함과 유사한 형태의 함(函)이다. 분리벽 유무에 상관없이 자전거 박스는 옷을 갈아입거나 물건을 보관할 수 있는 개인적인 주륜시설로 인식되어 다수의 자전거를 함께 보관하지는 않는다.

자전거 박스는 도난에 대비하기 위하여 단단한 함체를 갖고 안전한 자물쇠를 갖추어야 한다. 또한 박스는 자전거 부속이나 물건에 접근할 수 없도록 창을 설치하지 않아야 한다. 바닥이나 천장에 유도 레일을 설치하면 자전거를 넣고 꺼낼 때 편리하다.

민간 부분의 자전거 박스는 개인적인 안전을 제공한다. 일반적으로 카풀(Car Pool) 운전자를 위한 장기 주륜이나(6.5.4.2절) 대중교통 정류장(6.5.4.4절)에 설치한다. 이들은 개장시간이 제한된 공공 주륜장이나 감시가 이루어지는 주륜시설을 보완한다. 장시간 임대 외에도 개별적인 경우 일정 시간 동안만 임대할 수도 있다.

자전거 박스는 콘크리트, 금속, 합성재질, 유리 또는 복합재질을 사용하여 다양한 형태로 제작된다. 콘크리트 박스는 매우 안정적이며, 자체 중량으로 인하여 바닥에 고정시킬 필요가 없다. 문은 철제로 문틀은 콘크리트 벽체와 연결하여 제작한다. 박스 외곽은 다양한 재질로 구성된 철제나 알루미늄으로 제작된 자전거 박스는 상대적으로 가볍기 때문에 바닥에 고정시키지 않을 경우 쓰러지거나 밀쳐날 수 있다.

폐쇄된 벽보다 천공납판, 금속벽체 또는 창이 있는 벽체보호막 등이 더욱 효율적이다. 유리

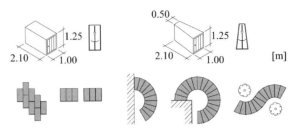

그림 4.28 자전거 박스의 형태와 배치 사례

나 합성재질의 투명한 벽체로 된 자전거 박스는 외관상 장점은 있으나, 유지관리와 도난의 표적이 될 수도 있다.

자전거 박스는 직선, 곡선이나 호의 형태로 상호 배치되며, 재질이나 찬장 형태에 따라 상호 간에 중첩될 수 있다(그림 4.28).

주변과의 경관적인 조화를 위하여 측면에 외장을 만들거나 천장에 식물을 심을 수도 있다. 경사면, 벽이나 건물과 연계하여 설치할 수도 있다. 박스 전체나 일부를 지하화할 수도 있다.

4.5. 건축물 주차장

4.5.1 개요

예를 들어, 지하주차장, 주차 건물, 옥상주차(주차데크) 등의 주차 건물은 도심지역이나 층고가 높은 주거지역에 설치된다. 역, 공항, 대형회사 또는 호텔 등의 주차수요가 많은 곳에 설치된다.

건축물 주차장은 다른 용도를 지닌 건축물과 같이 아파트 하부의 지하주차장, 쇼핑센터 상부의 주차데크 등에 설치되기도 한다. 때로는 주차시설이 상점과 같이 설치되기도 한다.

지하 주차 건물은 지상 주차 건물보다 비용 소요가 매우 크며, 건축(기초, 방수 등)과 관리(통풍, 조명)에도 비용이 많이 소요된다.

주차면과 주차통로의 배치는 주차장의 설계 원리와 동일하다(4.4절). 이때 모든 시설물들에 대한 면적 소요가 초기 설계 시부터 면밀히 반영되어야 한다. 중요 시설물들은 벽, 기둥, 계단, 램프, 기계실, 통풍시설 등이며, 이들은 활용 가능한 면적에 제약을 줄 뿐만 아니라 전체시설의 외관에도 영향을 미치게 된다. 수직 연결층과 연계된 시설물들의 종류와 배치 시 추가적인 고려 사항들이 반영되어야 한다.

단기주차 비중이 높은 건축물 주차장의 계획과 구현 시에는 이들이 일반적으로 노상주차장이나 노외주차장보다 선호도가 떨어진다는 것을 감안해야 한다. 따라서 건축물 주차장들은 더욱 더 이용자 편의에 신경을 써야 한다.

진입구 옆에 주륜장을 설치하는 것도 바람직하다. 건축물 주차장의 설계 시에는 지자체의 주차장 조례를 준수해야 한다.

4.5.2 진입과 진출

효율적인 운영 형태와 이와 연계된 진입과 진출의 규모와 징수시스템에 대해서는 6.3절에서 선택하도록 한다.

차량의 진입과 진출통제에 필요한 징수시스템은 우측 곡선부와 올라가는 램프에 설치되어서는 안 된다. 우측 곡선부 후방의 징수시스템은 차량이 거의 직선으로 징수시설의 전방에 평행으로 정차할 수 있도록 배치되어야 한다. 차량이 징수시설에 잘 접근할 수 있도록 차로 폭원을 최소 2.3 m로 줄이는 것도 가능하다. 가능한 한 좌측 차로 경계를 줄이는 것이 바람직하다(그림 4.29). 이 원리는 초기에는 통제가 이루어지지 않다가 추후에 보완해야 할 필요성이 있을 경우도 고려하도록 한다.

차량 진입 시 징수 이전에 주차장 인접 도로의 교통흐름에 장애가 발생하지 않도록 충분한 대기공간을 마련해야 한다. 출구와 진출도로 사이에도 대기공간을 마련하도록 한다. 상세한 사항은 6.3.5절에 제시되었다.

그리고 연결도로와 안전하게 연계토록 한다. 일반적으로 공공도로와의 연계는 횡단보도로 보행자와 자전거가 우선권을 갖게 된다. 추가적인 내용은 6.4.3절을 참고한다.

대형 주차 건물의 경우 진입로와 진출로 모두 2개 차로를 확보토록 한다. 이를 통해 단기방문 주차차량으로 점유된 주차 건물에서 진입을 통제하지만, 임대주차는 전용 진입로를 확보하게 된다. 이때 단기주차를 위하여 정체된 진입로를 임대주차를 위하여 비워 놓아 정체로 인하여 차량이 막히지 않도록 한다. 계획단계에서 측면진입로를 개설하여 단기주차를 위한 점유상황을 안내하여 임대주차 차량이 방해받지 않고 진입할 수 있도록 한다.

상점과 복합된 주차장은 승용차와 화물차가 상호 방해받지 않도록 한다. 화물차의 회전지역에서 승용차의 진출입은 원칙적으로 금지한다. 좁은 공간에서 승용차 주차지역과 화물차 운영을 위한 배송구역이 바로 연결되었을 경우 진입과 진출은 다음과 같은 순서로 이루어지도록 한다. 승용차 진입 – 화물차 진입, 화물차 진출 – 승용차 진출. 추가적인 사항은 4.6절을 참고하도록 한다.

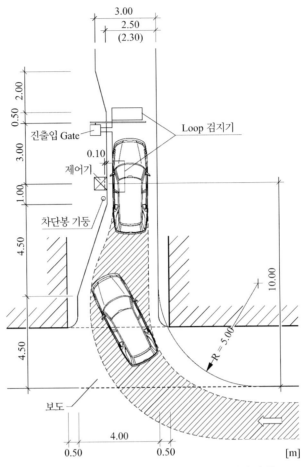

3.00
2.50
(2.30)

2.00
0.50

진출입 Gate

Loop 검지기

0.10

제어기

3.00

1.00

차단봉 기둥

4.50

10.00

R=5.00

4.50

보도

4.00
0.50 0.50

[m]

그림 4.29 우측 곡선 후방의 진입통제시설 배치 사례

4.5.3 단순 건축물 주차장 형태

간단한 형태의 주차 건물은 지상과 2층에 주차면을 갖는 **주차데크**로서 국지도로나 집산도로에 바로 연계된다. 이때 하부가 평균 1.0~1.5 m 낮추어지고, 상부는 약 1.5~2.0 m 주변보다 높게 설치될 경우 양 단면은 짧은 램프로 연결될 수 있다. 자연 통풍이 가능하여 배수와 조명 이외에 다른 시설들이 필요 없다.

하부는 콘크리트 석재로, 상부는 아스팔트로 구성한다. 단열 시설은 일반적으로 불필요하나 면적이 넓은 시설의 경우 온도와 관련된 변형에 주의해야 한다. 자세한 사항은 5.2.3절을 참고로 한다.

대규모 시설의 경우 개방된 주차장은 외부로 향하는 출구를 갖는 마주보는 건물의 사방 벽이 70 m 이상 이격되어 있으면 안 된다. 따라서 규모가 매우 큰 개방된 주차 건물은 여러 개의 구역으로 분할하여 승용차나 보행자를 위한 교량으로 연계되어야 한다.

지자체의 **주차장 조례**에서 명시된 최대 대피경로길이를 단순한 건물 주차장에서도 준수해야 한다. 또한 지상으로부터 평균 3.0 m 미만으로 설치된 주차데크에는 계단에 필요한 계단공간을 설치하지 않고 개방된 계단으로도 충분하다.

단순한 건물 주차장 형태는 평소 다른 목적으로 활용되는 건물에 단층으로 설치될 수 있다. 예를 들어, 주거와 사무공간 지하주차장 등이 이에 속한다. 예를 들어, 거주자, 고객 또는 호텔 고객 등이 주로 사용하는 100 주차면까지의 소규모 주차장에는 1개 차로의 진입과 진출로를 설치하고, 양측에 대기지역이 마련되어 대형 차량이 통과할 수 있을 경우 양방향으로 램프를 운영할 수 있다. 직접적인 가시거리가 확보되지 않을 경우 검지기를 활용한 녹색신호 요구 기반 신호등을 설치할 수 있다. 고용자를 위한 주차 건물에서 오전 출근 시간에 진입로를 지속 녹색으로 운영하고, 오후 퇴근 시간대에는 출구방향을 지속 녹색 신호로 운영한다. 반대 방향의 진출은 녹색신호요구 후에 가능하다. 최소 치수와 1차로 램프의 소규모 주차장의 사례가 그림 4.30에 제시되었다.

다른 용도 건물에 있는 주차층은 기둥, 기계시설 등으로 인하여 시인성이 떨어지고 이용에 제약을 받게 된다. 이때도 지자체 주차장 조례의 최소기준을 준수해야 한다. 대형 승용차의 운행궤적도 고려해야 한다. 차량 주행을 통한 곡선부 회전 궤적을 검토하고 확인해야 한다 ('교통시설 운행 타당성 분석을 위한 설계기준 차량과 회전궤적' 참조). 이를 간과하면 주차장 운영 시 대형승용차가 주차장을 이용하지 못하는 경우가 자주 발생하게 된다. 이용 저하, 사용 금지, 수리 등으로 인한 손실이 매우 클 수 있다.

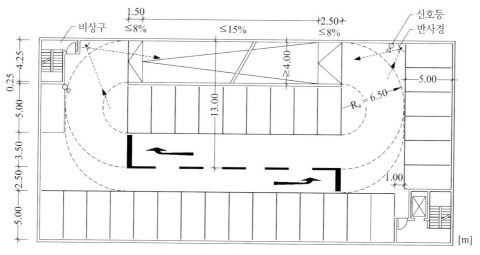

그림 4.30 최소규격의 단순 주차장 사례

경험적으로 좁은 통로로부터 우측으로 가파르게 좁은 램프 폭원으로 진입하거나 회전하는 경우 벽이나 기둥으로부터 공간이 제약되는 문제가 가장 많이 발생한다. 지자체의 주차장 조례에 의한 직선 램프와 통로 최소폭 2.75 m는 이러한 경우 매우 좁을 수 있다(4.5.4.4절).

이용자가 고정된 단순한 주차 건물의 경우 시인성, 회전공간, 조명, 환기 등에 대하여 낮은 기준이 적용될 수도 있다.

4.5.4 주차 건물 램프

4.5.4.1 교통유도

회전율이 높은 주차 건물은 일방통행으로 운영토록 하며, 교차지점이나 막다른 지점은 형성되지 않도록 하고 좌회전 곡선과 회전할 수 있도록 하는 것이 바람직하다. 진입과 진출차량은 중첩되지 않도록 하여 진출제어 전방의 지체가 진입차량을 방해해서는 안 된다. 진출입 교통량이 주기적으로 동시에 많이 발생하는 주차 건물에서 이러한 점을 유의한다.

진출차량의 첨두율이 낮은 소규모 주차장의 경우 진입 차량은 모든 이용 가능한 주차면을 통과하고, 진출 차량은 짧게 빠져 나가게 하는 것이 바람직하다. 회사나 P+R과 같이 시간적으로 구분되어 진출입이 이루어지는 주차 건물에도 동일한 원리가 적용된다. 이 경우 양방향 통행방식도 고려될 수 있다.

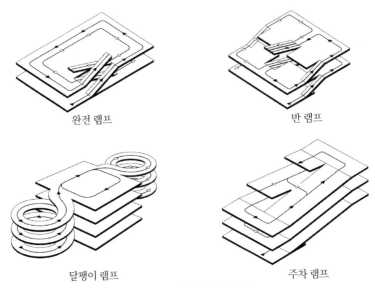

완전 램프　　　　　　　　반 램프

달팽이 램프　　　　　　　주차 램프

그림 4.31 주차 램프시스템

막다른 통행로가 형성되어야만 할 경우 길이는 15.0 m를 초과해서는 안 된다. 긴 막다른 주차면에는 임대차량에게 고정적으로 제공하거나 개별면에 대한 주차 점유정보가 사전에 안내되어야 한다. 자세한 사항은 6.4절을 참고한다.

4.5.4.2 램프시스템

램프시스템의 선택은 토지구획, 이용 형태, 주차면수와 차량과 보행자를 위한 편리한 교통유도 및 주차면과 통로의 가장 효율적인 층 배분에 의한다. 방문 주차일 경우 임대 주차보다 더욱 높은 요구사항이 반영된다. 원칙적으로 4개의 램프시스템들로 구분된다(그림 4.31).

완전램프 전체 층을 직선 운행으로 연계한다. 램프 자체는 편리하게 운행할 수 있다. 필요한 층별 회전은 일반적으로 주차통로에서 이루어지며, 따라서 주차과정에 있어서 안전이나 교통흐름에 영향을 미칠 수 있다.

반(半)램프 옆의 주차면보다 주차면이 반층 정도로 엇갈린 주차면들을 상호 연계한다. 반램프는 깊이가 엇갈린 주차면 높이의 반에 2배가 될 경우에 적용된다. 따라서 경사가 급하며 층별 모든 시스템의 경사 차이에 있어서 최고 한계치가 적용되고, 연결부에서 우측으로 연계된 통로에서 최대 조향각을 고려해야 한다. 예를 들어, 상하향이 중첩되지 않는 양호한 교통유도의 경우에도 면적 소요가 적은 램프시스템에도 불구하고 소형 주차장에 적용된다. 반램프는 좌향곡선의 운행에서 양호한 시인성 확보에 주의해야 한다. 건설구조적으로 항상 직선램프로 연결되지만, 가장 중요한 것은 층별 연결부에서 충분한 폭원(일반적으로 ≥ 4.0 m)이 확보되는 좁은 곡선반경 내에 있다는 것이다. 짧은 연결길이로 인하여 경사 차이의 배분은 램프와 층별로 각각 반으로 배분토록 한다(그림 4.32와 4.33).

달팽이램프 층별 연결이 달팽이램프로 구성되어 장애가 없으며, 거리가 짧고, 시간이 짧게 된다. 그러나 소요면적이 많아 달팽이램프는 대형 주차장에 적용된다. 반 달팽이(200 gon)는 층고를 반회전으로 극복하고, 나머지는 주차면을 따라 다음 층에서 처리된다. 완전 달팽이 램프는 일반적으로 원형운행(400 gon)으로 이루어진다. 한 번의 회전으로 층고가 극복되는 단독 완전 달팽이램프와 반회전으로 층고가 극복되며, 이때 상하행이 서로 동일한 단면에서 이루어지는 반달팽이램프로 구분된다. 결과적으로 층간 연결이 각 층의 반대편에 위치한 램프에서 처리되어 층별로 반대방향의 운행방향이 엇갈리게 발생한다.

주차램프 램프의 한 면에 주차하는 주차면의 일부이다. 경사가 낮기 때문에 운행이 용이하다. 그러나 주차면으로 인하여 차량통행에 장애가 되며, 대형 주차장의 경우 전체 개념 정립에 어려움이 있다. 따라서 차량에 대한 안내시스템과 보행자의 안전에 높은 요구조건이 가정된다. 램프가 별도로 필요 없어 다른 시스템보다 경제적이다. 주차램프에서 쇼핑 카트의 사용은 어렵다.

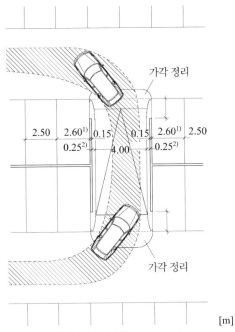

1) 제한 된 측면각격일 경우 주차폭 2.60 m
2) 직선 램프에 대하여 충분한 안전간격 치수는 램프공간을 준수

그림 4.32 일방통행의 반램프 예시

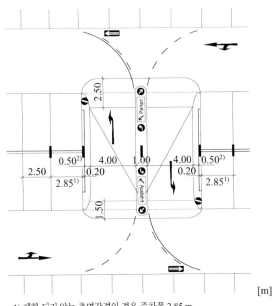

1) 제한 되지 않는 측면각격일 경우 주차폭 2.85 m
2) 곡선부 램프와 동일한 안전간격 치수는 램프공간 침범

그림 4.33 좌회전교통의 양방향 반램프 예시

모든 램프는 일방향이나 양방향으로 설계될 수 있다. 그러나 반램프에서는 곡선부의 확폭이 어려워 양방향통행이 어려울 수 있다.

양방향 램프의 램프 연결부에서는 가능한 한 상하행 차량 간에 교차가 발생하지 않아야 한다. 그러나 이는 달팽이램프에서는 가능하지 않으며, 따라서 회전율이 높은 대형주차장에서는 일방향 반달팽이램프보다 적절하지 못하다. 좌회전 중심의 양방향통행은 시인성의 이유로 적용이 불가능하다. 그러나 개별적으로 이를 피하지 못할 경우 좌향 곡선의 반램프시스템에서 상하행이 분리될 때 개별 차도는 명확히 방향 표시가 되고, 구조적인 대안과 수직의 유도시설로 상호 간에 분리가 되어야 한다(그림 4.33).

4.5.4.3 램프 경사

램프 경사는 일반적으로 15%, 주차램프의 경우는 6%를 초과해서는 안 된다. 건물 외 주차장의 경우 최대 10%를 유지해야 한다. 안전한 통행이 일기가 불량한 경우에도 보장되어야 한다. 이는 요철포장, 열선포장이나 덮개 등을 통하여 이루어질 수 있다. 소규모 주차시설의 짧은 램프나 내부 램프는 예외적으로 20%까지 경사를 줄 수 있다. 곡선램프의 경우 차선 중심선을 기준으로 경사를 측정한다. 곡선부 내부를 향한 편경사는 최소 3%를 유지한다. 엇갈림은 차도축을 중심으로 형성한다.

경사도 변경 시 차량의 불균형을 막기 위하여 8% 이상의 경사 차이는 절삭하거나 평활한다. 볼록형 곡선부의 반경은 $H_K \geq 15$ m로 하고, 오목형은 $H_W \geq 25$ m로 한다(그림 4.34). 15%까지의 경사 차이는 볼록형 $A_K \geq 1.5$ m, 오목형은 $A_W \geq 2.5$ m일 경우 램프 경사의 반을 평활하게 하도록 한다.

절삭이나 평활이 필요할 경우 램프의 기본길이는 짧아지고 더 가파르게 형성된다. 경사변화에 따른 램프경사는 다음과 같이 결정된다(그림 4.35).

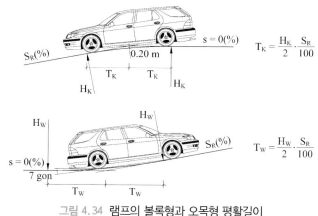

$$T_K = \frac{H_K}{2} \cdot \frac{S_R}{100}$$

$$T_W = \frac{H_W}{2} \cdot \frac{S_R}{100}$$

그림 4.34 램프의 볼록형과 오목형 평활길이

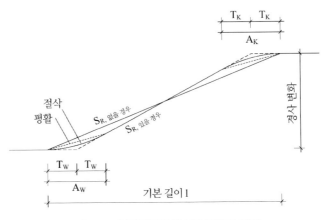

그림 4.35 경사변화의 절삭과 평활의 영향

- 절삭과 평활이 없을 경우 $S_R = \dfrac{h}{l} \cdot 100$

- 절삭이 있을 경우 $S_R = 1 - \dfrac{\sqrt{l^2 - 2 \cdot h \cdot (H_W + H_K)}}{(H_W + H_K)} \cdot 100$

- 평활이 있을 경우 $S_R = \dfrac{h}{1 - 0.5 \cdot (A_W + A_K)} \cdot 100$

여기서　$S_R(\%)$ = 램프경사

　　　　$h(m)$ = 높이 차, 예를 들어 층간 또는 보도 뒷모서리와 차고지 바닥간

　　　　$l(m)$ = 절삭되지 않거나 평활화되지 않은 층 또는 차로면 수직 경계 간의 램프 기본길이

　　　　$H_K(m)$ = 볼록형 절삭 반경

　　　　$H_W(m)$ = 오목형 절삭 반경

　　　　$A_K(m)$ = 볼록형 평활길이

　　　　$A_W(m)$ = 오록형 평활길이

4.5.4.4 차로폭원

일방향 직선램프의 차로폭원은 2.75 m이어야 한다. 양방향 직선램프의 경우 5.75 m를 유지해야 한다. 0.5 m의 분리대를 설치할 경우 6.0 m의 폭원이 된다. 볼록형일 경우 추가적으로 수직 유도시설이 투입된다.

휜 램프와 주차층의 활형 주행일 경우 내측반경 R_i는 최소 5.0 m여야 한다. 내측반경과 관련한 일방향에 대한 차도폭원 f는 표 4.4에서 선택한다. 중간값은 보간한다.

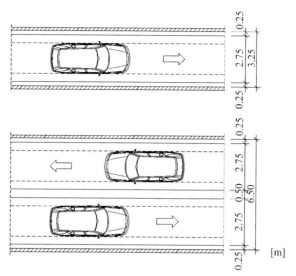

그림 4.36 직선부 최소램프 폭원

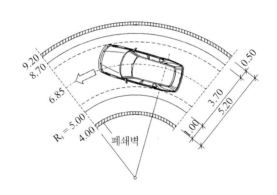

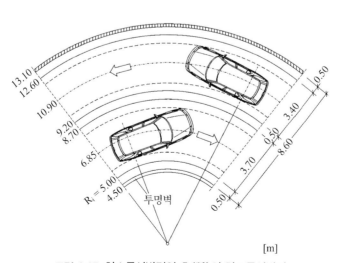

그림 4.37 최소곡선반경인 호(孤)의 최소곡선반경

표 4.4 내측 반경에 따른 차로폭원

R_i (m)	5.0	6.0	7.0	8.0	9.0	10.0	12.0	14.0	16.0	18.0	20.0
r (m)	3.70	3.60	3.50	3.45	3.40	3.35	3.25	3.15	3.10	3.05	3.00

예외적으로 소형 주차 건물에서 램프와 램프간 수평의 200 gon 회전이나 차로로부터 외측 반경 R_a으로 연결될 경우 6.5 m를 유지하며, 이때 차로폭원은 최소 4.0 m여야 한다.

곡선부 확폭은 차량주행궤적상의 이유로 내측반경이 요구되며, 이는 특히 직선램프의 입구에서, 반램프에서 일반적인 곡선부로부터 연결되는 직선램프의 입구에서 특히 유의한다. 호와 직선으로의 전이구간에서는 최소 5.0 m의 완화구간을 설치하며, 이때 완화구간 내에서 지속적으로 확폭이 이루어지도록 한다.

예외적으로 보행자가 통행하는 램프에서는 추가적으로 측면에 최소 0.8 m의 보도를 확보하며, 그렇지 않을 경우 직선부 램프의 연석은 0.25 m, 곡선부는 0.5 m가 필요하다. 앞서 가는 차량으로 인하여 내부공간에 의해 시인성이 확보되지 않은 달팽이램프에서 시인성 향상을 위해 곡선내측에 1.0 m의 유도연석을 설치한다.

유도연석을 포함한 최소 램프폭원은 직선부의 일방향, 양방향에 대하여 그림 4.36과 곡선부에 대하여 그림 4.37에 제시되었다. 동선기본자료와 안전간격은 4.2.1.4절에서 4.2.1.6절을 참고한다.

4.5.4.5 통과높이(Clearance Height)

주차 건물의 **통과높이**(Clearance)는 최소 2.1 m이며, 8%를 초과하는 경사를 갖는 램프에서 경사가 변경될 때 최소 2.3 m이다. 진입구에 StVO 265를 설치한다('통과높이 제한'). 추가적으로 진입구 이전에 접촉식 높이 측정시설을 설치하여 진입하는 차량이 훼손되지 않도록 한다. 안전값으로 0.05 m를 고려한다.

캠핑카(Camping Car)나 높이가 높은 차량이 주차될 경우 지상의 충분한 통과높이를 고려하여 진입구에서 진출구로 직접 연결이 되도록 주차한다. 기타 주차장에서 적용되는 높이 제한 등은 이와 같은 차량들을 고려하여 적용되지 않는다. 동시에 주차장 내에서 높이가 낮은 영역으로의 통행은 억제된다.

최소 통과높이는 모든 건축시설−통풍구, 스프링쿨러(Sprinkler), 배수관, 연기차단레일 등−교통표지판 하부에 확보되어야 한다. 건축 초기단계부터 최소 통과높이가 고려되어야 한다. 면적이 넓고 연결된 시설에서 동일하게 유지되는 최소 통과높이는 심리적인 측면에서 지하주차장에서는 피하는 것이 좋다.

주차 건물의 통과높이는 차량이 통행하지 않고 사람들인 머무는 공간이 아닌 경우, 예를 들어 전진으로 주차하는 주차면의 앞쪽 부분 등은 약 1.5 m로 낮출 수 있다. 이와 같은 감소높이가 적용되는 범위는 주차면으로부터 0.75 m 내로 들어와서는 안 된다. 이 경우 남아 있는 통과높이에 대하여 적/백색 사선 등으로 명확하게 보이도록 한다. 또한 전진주차 지역임을 표지판으로 알려주어야 한다.

4.5.5 자전거 주륜

자전거 소형 주륜장　자전거 **소형 주륜장**은 제한된 이용자들이 자전거의 보관을 위하여 접근할 수 있는 폐쇄된 공간이다. 자전거 소형 주륜장은 적절히 고정된 건물로서, 예를 들어 승용차-차고 등이다. 다양한 재질로 특별한 형태로 제작될 수도 있다. 면적을 절감하는 형태로서 수직 주차걸이(그림 4.38) 또는 수직 주륜위치를 위한 핸들 걸이 등이 있다. 사유지에서 자전거 주차장이 부족할 경우 기존의 차고지를 용도 변경하거나 건물 내에 자전거 공간을 확보할 수 있다.

거주밀도가 높은 구 도심에서 주택이나 사유지에 자전거 주차장 확보가 어려울 경우 공장에서 제작된 자전거 소형 주륜장을 공공장소에 배치하여 거주자를 위하여 건조하고 안전한 주륜장을 제공할 수 있다(그림 4.39).

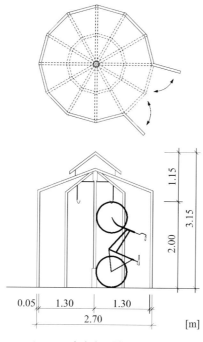

그림 4.38　자전거 소형 주차장의 예시

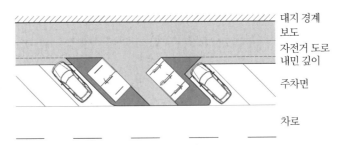

대지 경계
보도
자전거 도로
내민 깊이

주차면

차로

그림 4.39 공공 도로의 자전거 소형 주륜장 예시

도심부나 역과 같은 지역에서는 자전거를 복층으로 주륜하여 높은 수요에 대비하며, 기후에 대비한 주륜 가능성을 제공할 수 있다. 토지의 이용성은 평면일 경우보다 복층일 경우 매우 높으며, 도시경관 측면에서도 효율적이다. 소형 주차 건물일 경우에는 램프의 높은 면적점유율로 인하여 주차가능밀도(예 : 자전거/m² 바닥면적)는 오히려 낮다.

주차면과 주차통로의 배치는 주륜장에도 동일한 설계원리가 적용된다. 램프는 편평하게 경사진 올라가고 내려가는 방향으로 측면에 최소 0.6 m 폭원의 램프가 있는 Push rail이 설치된 계단(최소폭원 1.5 m)으로 구성된다. 경사를 극복하기 위하여 Push rail 바닥에 conveyer belt를 설치하고 Photo Cell에 의하여 자동적으로 작동하게 된다.

이용자의 수용성으로 인하여 주륜장은 지상에 개방된 투명한 건물이나 건물의 부속시설로 설치되거나 반 지하로 설치될 수도 있다. 고층 주륜장일 경우 고층일수록 이용률이 저하된다. 이러한 단점은 Push rail conveyer belt를 활용하여 해결하거나 한 층으로부터 다른 층으로의 이동 없이 그대로 역 플랫폼이나 다른 이용시설로 연결될 경우 해결된다. 지하 주륜장은 높은 건설과 운영비용, 공공 통제의 어려움으로 수요가 높고 면적이 제한되지 않은 경우를 제외하고 설치하지 않는다.

도난이나 침탈로부터 방지하기 위하여 접근이 자유스러운 주륜 건물은 감시되거나 다른 이용시설과 복합 운영되어 감시기능을 확보한다(6.5.4.4절).

4.5.6 기계 · 자동 주차시스템

4.5.6.1 분류

기계식 주차시스템　　주차과정이 기계적인 시설에 의한다. 다음과 같은 시스템들이 적용된다.

- Park plate
- 이동판

자동 주차시스템으로의 전이는 유연하다. 예를 들어, 그 특성이 자동 주차시스템인 경우에도 운전자가 차량을 직접 보관시스템으로 운전하는 전달 cabin이 없는 경우도 있다. 여기에는 다음과 같은 것들이 포함된다.

- 복층의 이동판을 갖는 Park plate
- 직접 올라가는 회전주차

자동 주차시스템　　자동 주차시스템은 진입구에서 차량을 맡기고 진출구까지 차량을 찾는 전체 주차과정이 자동으로 이루어진다. **운반 cabin**에는 차량을 떠나거나 다시 인수하는 운전자만 접근이 가능하다. 보관은 정적이나 동적으로 진행된다. 정적 보관인 경우 차량은 한 장소에 머무르나 동적 주차의 경우 장소가 전환되거나 다른 차량이 들어오거나 나갈 경우에 운송장비에 의하여 이동된다.

자동 주차시스템은 다음과 같이 분류된다.

- Park regal
- Switch park
- Circle park

이용원리와 개념도는 부록 F에 제시되었다.

4.5.6.2 면적과 공간높이 소요

면적과 층고를 줄이기 위한 가능성이 기계식과 자동식 주차장 투입의 근거가 된다.

램프를 갖춘 주차 건물에 비하여 자동식 주차장의 효율적인 면적 이용은 운송기계를 위한 **차량 박스**(Box)를 통한 램프와 주차통로가 생략됨에 기인한다. 층고의 감소는 차고지의 층고가 차량 높이만을 고려하는 데 기인한다.

필요하지만 용량에 영향을 미치는 운반 cabin, 비점유 면적, 진출과 진입 등은 램프를 갖는 주차 건물에 비하여 면적과 공간높이로 인하여 이들 주차시스템이 갖는 장점들이 상쇄될 수도 있다. 확보된 건축면적의 이용측면에서 기계식과 자동식 주차장의 실제적인 장점은 다양한 대안에 대한 구체적인 계획단계에서 모든 관련사항(주차면수, 주차 가능한 차량 제원, 진출입구 수와 위치와 차량 전달박스, 교통과 시스템 로직 측면의 요구조건)에 의하여 결정된다.

4.5.6.3 성능지표

입출차 과정에서 주차면이 필요할 경우 기계식 주차시스템에서 필요한 시간은 40~60초로 한다. 주차면수가 적은 기계식과 부분기계식 주차시스템이 설치될 경우 전체 시설에 대한 용량에는 큰 변화가 없다. 대형주차 건물의 경우 진출입 차량이 주차시스템의 이용으로 장애를 받지 않도록 주의한다.

자동 주차시스템의 성능지표는 무엇보다도 시스템 구성, 차량배치능력, 차량전달박스의 수와 단위시간당 동시에 처리할 수 있는 주차과정과 관련이 있다. 시스템에 따라 대형 시설에 있어서 모듈식 건축기법 또는 동시 작업 배치기계가 필요하다. 40~60 주차면당 하나의 차량전달박스가 필요하다.

차량기준 주차시간은 전달박스 대기시간, 전달박스 체류시간과 자동전달과정에서 차량 주차면까지의 시간을 모두 합한 것이다. 이용자 측면의 입차시간은 대기시간과 접수기간을 합한 것이다. 출차시간은 차량과 이용자 기준으로 구분되어 전달박스 외부에서 차량 호출 시간에서 시작하여 대기시간, 전달시간과 접수시간으로 구성된다.

접수시간은 차량 개문에서 시작하고 진입 시 모든 승객이 전달박스를 떠난 이후에 자동 배치과정이 시작되고, 진출 시 요구된 차량이 전달박스에서 나와 폐문되는 시간이다. 고정 이용객의 경우 평균 45초가 적용되며, 그 외에는 60초를 적용한다. 출차시간은 시스템에 따라 1.5~5분이 적용된다. 평균 2~3분을 적용한다.

대기시간과 시스템 내부 배치과정은 개별 시설에 대한 설문에 의하여 결정한다. 입출차 과정이 중첩될 경우 설계기준 용량에 대하여 사전에 시뮬레이션을 수행한다. 성능지표에 대한 추가자료는 독일표준 DIN 4466에 제시되었다.

4.5.6.4 승용차 주차 기준 적용범위

주차시설에 대한 주차시스템의 적정성은 그 규모, 기능과 이용자그룹과 관련 있다. 수용성은 주차시설의 신뢰성, 입출차 대기시간, 이용 편의성, 전달박스의 구성과 운전자와 차량 안전에 대한 주관적인 판단과 관련 있다.

표 4.5는 '이용자 요구수준', '주차면'을 기준으로 한 기계식과 자동식 주차시스템에 대한 성능 분석을 종합적으로 제시하였다. 구체적인 사례들은 입지적 조건 등을 고려하여 최적화해야 한다. 교통계획과 기술적인 측면 이외에 경제적인 관점에 대한 분석이 필요하다. 주차면 수에 대한 제시는 개략치로서 시설 규모에 대한 주차가능면수를 추정하기 위한 것이다. 상호 연계된 주차시스템과 같은 경우 표에 제시된 수치로부터 매우 큰 편차를 나타낼 수 있다.

기계식과 자동식 주차시스템은 공공이용일 경우 사용방법이 복잡하기 때문에 많은 주의를 기울여야 한다. 지금까지 기계식과 자동식 주차장의 이용이 널리 활용되지 않기 때문에 주차관리요원 등의 전문요원 배치가 필요하다.

기계식 주차장의 경우 자주 이용되는 주차 건물로 공공이 접근하는 지역에서는 적절하지 않다. 경사면이 있는 기계식 주차장에 대한 안전수칙은 대중들이 이용하기에는 적절하지 않다.

표 4.5 기계식과 자동식 주차시스템 성능 분석

적용 범위	이용자 요구 수준	주차면수	주차 시스템					
			기계식		자동식			
					주차 Regal		턴 시스템	전환 주차
					고층 Regal 시스템			
			주차판	Dash	Regal 서비스	셔틀 리프트		
주거지 주차장	고	20~40	+	+	−	−	+ +	+ +
		> 40	+	+	+ +	+ +	+ +	+ +
	중	10~40	+ +	+	−	−	−	−
		40~150	+	+	+ +	+ +	+	−
호텔 주차장	중, 고	20~40	+	+	−	−	+ +	+ +
		> 40	+	+	+ +	−	+ +	+
사무실 주차장	중	10~20	+ +				+	+
		20~80	+ +	+	+	+	+	+
		80~200	+		+ +	+ +		
	고	20~40	+	+	−		+ +	+ +
		> 40	−	−	+		+ +	+

4.5.6.5 주륜장 적용범위

기계식 자전거주차시스템은 이용에 있어서 사전 지식이 없을 경우 어려우므로 관리요원이 없는 공공지역에서는 적절하지 않다. 주륜 확보 면적이 적은 사유지에서 가능하다.

자동식 주륜시스템 면적과 공간감소와 건축면적 이외에 자전거의 파손과 도난에 대한 안전과 수하물의 보관이 중요하다.

4.5.7 기타 설계지침

설계에 여유가 있을 경우 주차모듈 결정에 있어서 통로나 주차면 사이에는 기둥을 배제하도록 한다. 운전자의 편의뿐만 아니라 시인성을 확보한다. 조명설치에도 유리하다.

설계단계에서부터 잘 안 보이는 구석, 벽의 돌출이나 틈이 발생하지 않도록 한다. 가능하면 램프벽이나 계단은 투명하게 구멍을 넣도록 한다. 계단실에는 방화측면에서 이러한 개방공간에 유리를 설치해야 하나 이때 f-30 또는 f-90 강화유리를 사용토록 한다. 특히 램프벽은 층간 연결부에서 가능한 한 투명해야 하며 대향 차량과 멀리 이격되도록 한다.

차량이 추락할 수 있는 고층건물의 경우 DIN 1055에 따른 2.0 Kn/M 충격에 견딜 수 있는

0.5 M 높이의 울타리를 설치하도록 한다.

지상에 개방된 주차 건물의 난간은 전조등으로 인해 운전자나 주차차량이 방해받지 않도록 한다.

외부에 위치한 램프의 연결부에서 투명성이 높은 난간은 운전자가 추락에 대한 공포를 갖지 않을 수 있기 때문에 피해야 한다.

주차평면의 구조적인 분리요소(기둥, 벽) 등은 그 앞에 서 있는 차량이 볼 수 있을 정도의 높이로 한다. 쇠사슬 분리는 피하도록 한다(쇠사슬이 움직여 차량을 파손하는 것을 방지하기 위해). 또한 쇠사슬 분리로 규정된 대피경로가 막히는 것도 검토해야 한다. 유도연석 등도 주차평면에는 설치하지 않는다. 청소에 방해가 되며 보행자에 위험을 끼치고 휠체어, 유모차와 카트 등의 이용을 고려하여 출구 앞에서는 낮추어져야 한다.

주차시설에서 교통자료를 습득하는 검지기는 원하는 모든 차량들의 움직임을 파악할 수 있도록 설치해야 한다. 차량이 회전하는 영역에 설치되어서는 안 된다. 루프검지기는 금속성 물질(배수구, 틈새막 등)로부터 보호되거나 최소 0.5 m의 간격을 두고 문과 같이 움직이는 금속 물체인 경우 1.0 m의 간격을 두어야 한다. 전기난방으로 가동되는 지역에서는 루프검지기를 설치하지 않는다. 대향 방향에 대한 교통량도 습득하고자 할 경우 이중 검지기를 설치한다. 자세한 사항은 검지기 지침을 참고한다.

계단, 보행자램프, 램프와 승강기는 모든 주차면으로부터 가능한 한 짧은 거리 내에 시인성이 양호하도록 위치하도록 한다. 폐쇄된 주차장의 경우 30 m, 개방된 주차장의 경우 50 m를 넘지 않도록 한다. 6.4.3.3절을 참고한다.

주차 건물에서 문이 주출입구에 예외적으로 횡단보도에 직접 설치되었을 경우 최소 1.0 m 폭원의 보호폭원을 표시하며, 추가적으로 문 앞 1.0 m 간격에 0.9 m 높이의 유도 가드레일을 설치한다. 이 문은 투명유리로 되어야 한다.

고층 대형 주차 건물의 승강기는 복수로 설치하며, 유모차, 휠체어와 카트를 고려하여 규모를 결정토록 한다. 승강기 전면의 대기공간은 계단부와 중복되지 않아 서로 장애가 되지 않도록 한다. 주차요금자동징수기도 같은 원리가 적용된다.

징수시설과 요금징수소는 유도연석, 분리대 등에 설치되고 고정되어 보호되어야 한다. 관리공간은 관리요원이 중요한 기능을 갖는 부분(요금징수기가 있는 주계단, 진출입구)을 잘 보도록 하며, 이용자 측면에서도 쉽게 찾는 지역에 위치하도록 한다. 중점지역이 서로 이격되었을 경우 관리공간을 출구에 추가적으로 설치하도록 한다. 이는 일반적으로 출구지역에서 문제점이 발생할 가능성이 크기 때문이다. 기타 지역은 CCTV로 감시토록 한다. 기타 안전수칙과 방화에 대한 내용은 5.4절을 참고하도록 한다.

주차 건물 설계 시 위생시설, 자판기, 비상전화 등의 이용자 편의시설을 갖추도록 한다. 경제적인 측면에서 자판기를 관리공간에 설치하는 것도 바람직하다. 청소와 폐기물 처리에 대한 내용은 5.7절을 참고한다.

4.6 출하장

판매면적이 200 m² 미만인 소형상점은 도로나 인근 주차장, 주차 건물로부터 배송이 이루어질 수 있다.

판매면적이 200 m² 이상인 상점은 대형화물차에 의하여 배송되는 것을 가정한다. 이러한 상점의 경우 화물차 1대의 하차공간이면 충분하다. 이 하차공간은 3.5×12.0 m의 면적을 갖는다. 추가적으로 전진 입출차가 가능한 주차과정에 필요한 면적이 필요하다. 배송시간에 보행자나 자전거 통행이 적은 경우 후진주차도 가능하다.

대형 마트의 경우 2대의 대형화물차와 소형 포터가 적차할 수 있어야 하며, 모든 차량이 진출 시 전진으로 진행되어야 한다.

백화점이나 물류집중시설의 경우 충분한 주차과정 공간과 화물의 접수, 중간보관과 배송에 필요한 공간을 확보하도록 한다.

다음과 같은 기준치들을 적용한다.

• 다양한 품목의 대형 백화점 : 적재면적 : 이용면적 = 1 : 20
• 제한된 품목의 전문매장 : 적재면적 : 이용면적 = 1 : 30

이로부터 산출된 면적은 매장의 요구와 배송차량의 운행궤적에 따라 구체적으로 반영된다. 모든 **적차공간**은 옆공간 차량의 방해를 받지 않고 언제든지 진출입할 수 있도록 한다. 물류면적에 대한 지침은 표 4.6을 참조한다.

콘테이너의 적재에 필요한 통과높이는 4.5 m를 유지하도록 한다. 화물차의 바닥 면은 일반적인 배수경사 2.5~3%를 두며 편경사는 두지 않는다.

편평하지 않은 적재공간으로의 진입은 직선램프나 달팽이램프를 설치하며, 10% 미만의 경사를 갖도록 한다. 화물차가 램프에서 정지하고 다시 출발하지 않을 경우 15% 경사도 가능하다.

10% 이상의 진출경사를 갖는 상향램프와 도로가 접하는 부분에는 최대 약 7%의 경사면을 설치하며, 그 길이는 설계기준 화물차의 높이에 따라 결정한다(부록 D).

8% 이상의 경사 차이가 있는 오목, 볼록형에서는 50 m 종단반경을 적용하며, 최소 4.0 m

길이로 경사의 반을 취하도록 한다.

경사가 변경되는 지점에서는 대형화물차에 대한 부분적으로 매우 큰 높이를 더 고려해 주어야 한다. 이때 기준이 되는 값은 바퀴간격, 앞내민길이와 차량높이로부터 산출된다. 필요한 높이는 진행방향별로 산출한다. 난방, 방음, 조명 또는 스프링쿨러 시설 등이 통과높이를 제한해서는 안 된다.

화물차량에 대한 직선 일차로 램프는 최소 3.5 m 폭원을 확보한다. 추가적으로 0.8 m 폭원의 약간 높이 설치된 보도가 적차장으로부터 대피로로 사용될 경우 보도 옆의 차로폭원은 3.0 m로 한다. 양방향의 직선램프는 6.75 m의 폭원을 갖는다.

달팽이형램프에서는 곡선반경, 차량진행방향각과 차량 높이에 따라 매우 큰 확폭이 필요할 수도 있다. 이는 개별적으로 차량운행궤적 또는 차량운행실험에 의해 결정된다(설계기준 차량에 대한 운행궤적 산출 지침). 운행궤적 기초자료와 안전간격은 4.2.1.4절에서 4.2.1.6절을 참고로 한다.

연도시설 진입로의 폭원은 방향별로 3.5 m로 하며, 곡선부 확폭을 고려하여 진출입에서 장애가 없도록 설치한다.

적차장에서 진출입구가 복합적으로 설치될 수도 있다. 건물을 우회하여 적차장으로 진입할 수도 있다. 모든 적차면은 다른 배송차량에 장애를 받지 않고 진출입할 수 있어야 한다.

그림 4.40은 측면 진출입구를 갖는 적차장의 사례이고, 그림 4.41은 평행주차방향일 경우 진출입구 적차장 사례이다.

표 4.6 백화점과 쇼핑센터의 적차장 관련 지표

비고	판매 면적(m²)			
	5,000~10,000	10,000~15,000	15,000~20,000	20,000~30,000
하역 램프의 화물차 주차 면적(−)	2~3	3~4	4~5	5~6
배송을 위한 대기 공간(m²)	100	120	180	250
화물 엘리베이터의 수와 크기(m)	1 : 2.00×3.00 1 : 2.00×4.20	2 : 2.00×3.00 1 : 2.00×4.20	3 : 2.00×3.00 1 : 2.00×4.20	3 : 2.00×3.00 1 : 2.00×4.20
엘리베이터 앞 공간(m²)	20	30	40	40
면적 폐기장(m²) 빈상자(m²) 종이 폐기물(m²)	30 20 15	30 40 25	50 60 35	100 80 35
Container 고정 압축기(m) Container 고정 압축기(m)	3.00×9.00 하역 램프 전방 2.50×9.00 하역 램프 전방			

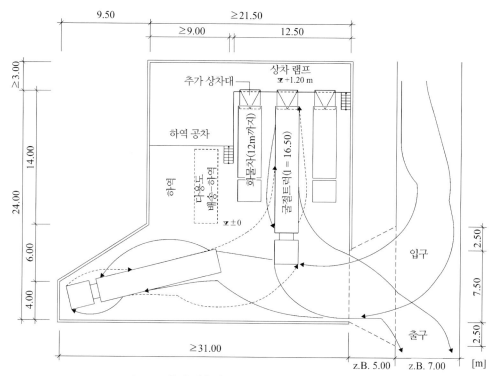

그림 4.40 측면 진출입구를 갖는 백화점 개방 적차장 사례

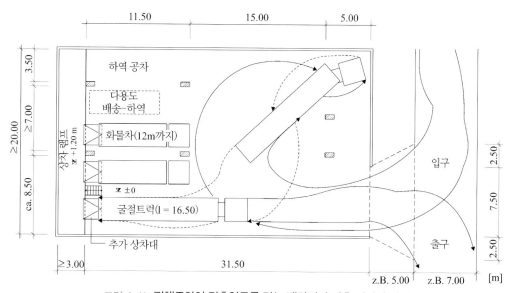

그림 4.41 평행주차인 진출입구를 갖는 백화점의 다층 적차장 사례

Chapter

05

주차장 부속시설과 설치

5.1 개요

기능적으로 효율적인 주차시설과 이용자 편의적인 설비는 이용 효율을 증대시킨다.

주차시설의 설치에 있어서 장기간 운영될 것인지 혹은 향후 다른 목적으로 이용되어 주차시설로서의 운영이 일시적인 것인지에 큰 영향을 받는다. 또한 주차시설이 지속적 또는 간헐적으로 차량이 주차하는지의 여부도 중요하다.

또한 주차시설로서 계획된 면적 이외에 시장, 행사장 또는 전시장이나 경기장 등의 여유면적이 행사시간 이외에 주차장으로 활용될 수도 있다. 또한 공사장이나 아직 시공되지 않은 도로예정 부지도 주차장으로 활용될 수 있다. 이러한 이용에 대한 가정은 적절한 포장이다.

5.2 포장과 배수

5.2.1 개요

도로에서 차량 통행에 의한 동적 하중이 많이 발생함에 비하여 주차장의 경우 일시적인 정적 하중 이외에 높은 부상(浮上) 하중이 발생한다. 이는 특히 화물차와 버스 주차장의 경우 주의해야 한다.

나아가 주차장에서는 오염, 유류에 의한 외부 영향이 도로에 비하여 심하며, 이와 반대로 마모나 평탄성은 심하지 않다.

5.2.2 지표면 주차장

지표면 주차장의 포장은 **도로포장 설계지침**(RStO: Richtlinien für die Standardisierung des Oberbaus von verkehrsflächen)과 지자체의 지침을 준수한다. 설계 원리는 적용되는 이용과 이용의 강도이다.

지속적으로 이용되는 주차와 하역장은 강(强) 포장, Plaster- 또는 아스팔트 포장이 적용된다. 기술적으로 가능하면 투수성이 좋은 Plaster 포장 등을 활용한다. 이러한 **포장**은 전문적인 설치를 할 경우 하중에 잘 견디며 유지 보수가 용이하다.

대규모 행사와 같이 간헐적으로 사용되는 주차장은 단순한 연약포장이 적용될 수 있다. 여기에는 접착재, 자갈층이 없는 투수성 포장, 기층이 해당된다. 그러나 이러한 포장들은 유지에

드는 비용이 크게 발생할 수 있다. 진출입구의 경우에는 포장공학 측면에서 포장되어야 한다.

지표면 주차장의 경우 배수시설이 중요하다. 필요한 배수시설의 설계는 ATV-작업지침과 '**도로배수시설 설계지침**(RAS-Ew : Richtlinien für die Anlagen von Strassen-Entwässerung)을 참고로 한다.

정제되고 집중된 유수시스템으로의 유도 이외에 지역적인 여건에 따라 가능한 한 완벽한 주차장의 표면수가 침수시스템에 의하여 유도되어야 한다. 이를 위하여 사전에 광범위하고 체계적인 지반조사가 필요하다. 지질학적으로 어려운 지반의 경우에는 **Hollow-Channel-System**을 활용한 분산된 침출방식을 고려한다.

표면의 중앙 침출을 목적으로 할 경우 포장층뿐만 아니라 기층부도 투수 가능하도록 시공한다. 또한 주차장 전체 평면이 충분한 경사를 갖고 충분한 규격으로 설계된 수리설비에 의하여 고여있는 습기가 배제되도록 한다. 상세한 사항은 개별 기술적 지침을 활용한다(**도로건설 지질 작업을 위한 추가적 기술협약 조건 및 지침**(ZTV E-StB: Zusätzliche Technische Vertragsbedingungen und Richtlinien für Landschaftbauarbeiten im Straßenbau).

배수시설의 적절한 녹화를 통하여 주차장을 도시경관적인 측면에서 보완할 수 있다. 바닥을 흙으로 녹화하는 것은 중요한 생태학적 기능을 나타낼 수 있다.

부록 H는 배수시설의 기술적 설치를 위한 포장층에 대한 사례가 제시되었다. 포장층에 대한 자세한 사항은 '**도로포장 설계지침**'을 참고로 한다.

5.2.3 건물주차장

건물주차장은 철골구조물의 주차면적과 램프를 의미한다. 지상부의 1층이나 주차데크의 경우 콘크리트 구조물도 가능하다.

스프링쿨러 영역의 벽체와 기둥 및 주차면적은 기계적이며 화학적인 영향을 많이 받게 된다. 차량에 의하여 동절기에는 염화칼슘이 내부로 반입된다. 염화칼슘에 포함된 클로리디오넨은 철골구조물에 피해를 줄 수 있다. 콘크리트에 대한 부식 이외에 균열에 의한 부식물들이 천장으로 떨어져 차량의 도색에 피해를 줄 수 있다.

충분히 설계된 콘크리트 표면, 주차면적의 기능적인 배수(경사 > 2%), 포장층과 세밀한 틈새 매꿈은 비용이 많이 소요되는 보수작업을 감소시키게 된다. 특히 바닥면과 기둥, 벽체, 고정시설(예 : 유도시스템, 조명, 안내판 등을 위한), 천장천공(예 : 배수관, 선로시설)과 배수구 등에 깊은 주의를 기울여야 한다.

다른 목적으로 활용되는 주차층에는(예 : 판매공간, 사무실, 주거용) 추가적으로 단열이 필요하다.

램프는 특별히 거친 포장면이 필요하다. 온도와 습도조절 기능이 있는 포장열선은 외부 램프의 동절기 운영을 가능케 한다.

배수시설은 유지보수가 용이하게 시공되어야 한다. 차량은 유해한 빗물뿐만 아니라 상대적으로 많은 모래와 자갈을 반입하므로 개방된 평탄한 배수구보다는 폐쇄된 시스템이 유리하다. 기존의 배수구를 통한 재래적인 유도 이외에 건물 외부의 침수시설을 통한 배수를 고려한다. 단순한 건물주차장의 경우 지상층 내에 침수가 가능한 포장재질을 투입한다.

5.3. 녹화

5.3.1 개요

주차장과 주차건물의 녹화를 위하여 개별 경우에 따라 나무, 관목, 다년생 식물, 덩쿨식물과 잔디 (예를 들어, 나무 밑 또는 경계부에)가 활용된다.

녹화를 통하여 주차시설이 입지한 지역의 도시생태적인 환경에 조화됨으로써 조경적인 장점을 갖게 된다. 성이나 궁전과 같이 경관적으로 빼어난 관광지는 물론 P + R 시설 또는 카풀 장소에 있어서도 주차장의 나무나 관목을 이용한 녹화는 중요하다. 도심지역이나 건축적으로 의미가 있는 지역의 경우 조화된 녹화가 필요하며, 이는 일반적으로 절제된 식물의 활용이나 강조된 배치를 의미한다. 경관이나 공간창출 기능 이외에도 녹화는 도시위생이나 도시기후와 생태적인 기능을 갖는다.

식물들은 입지조건(토양, 기후, 노출, 필요 수분)은 물론 계획된 이용요구와 설치 의도에 따라 선택된다. 개방된 지역에는 토종, 지역에 적합한 식물이 사용되어야 한다. 도심지역과 같은 밀집된 지역이나 매우 폐쇄된 주차장에는 어려운 입지여건 또는 도시구조적인 측면에서 필요할 경우 토종 수목이 아닐 수도 있다.

주차장의 도시구조 또는 경관적인 환경에의 조경적인 접목에는 개별적인 해결방안이 필요하다. 기본적인 규칙 등은 다음과 같다.

- 조망성과 안전 측면에서 주차장의 녹화는 느슨하고 가능한 개방되도록 구성한다.
- 주차장에 인접한 민감한 시설에 대하여 효율적으로 보호되어야 할 경우 보다 조밀하거나 엇갈리게 배치된 식수가 계획될 수 있다.

- 개방된 풍경으로의 전이지점에서 주차장을 설치할 경우에는 직선 형태의 폐쇄되고 단조로운 식수는 피해야 한다. 풍경과 조화된 접목은 다양한 식종을 활용할 경우 더욱 유리하다. 외부로부터 직선선형 형태의 차단을 통하여 차폐감을 높일 수 있다.
- 관목 식수는 단조로운 계획에 따라 설치되어서는 안 된다.

지속적으로 안정되고 효율적인 녹화 관리를 위하여 계획단계에서부터 최적 설치 또는 입지 개선을 위한 적절한 대책들이 강구되어야 하고, 실제 건설할 때 준수되어야 한다. 상수도나 공급구 등의 설치는 사전에 검토되고 계획 할 때 고려한다. 추가적인 지침은 '도심지 도로 식수 지침'을 참고한다.

보존가치가 있는 나무와 관목 구성은 주차장과 주차건물 신설이나 확장할 때 가능한 한 포함하도록 한다. 이미 심어져 있는 나무들의 보존은 새로운 식수보다 우선한다. 계획단계에서 기존 식목 상황에 대한 규정이나 대책들이 강구되어야 한다. 나무나 관목의 보존은 주차면의 감소를 초래하고, 이에 따른 재정적 건설적인 추가 비용을 유발할 수 있다. 이에 관한 절차는 '도로시설 지침 - 경관관리 4(Richtlinien für die Anlage von Straßen - Teil: Landschaftspflege: RAS - LP 4)'를 참고로 한다.

광역적으로 폐쇄된 주차장은 식물의 성장 가정에 비효율적이다. 작은 나무 구덩이와 식물 바닥면, 좁은 뿌리공간, 유량 부족은 및 강한 열은 이러한 입지를 결정짓는 주요 요소이다. 따라서 협소하거나 매우 비효율적인 상황과 높은 기술적인 부담으로 설치가 가능한 나무나 관목은 식재하지 않도록 한다.

나무나 관목의 상해(가지, 줄기와 뿌리 파손)는 보호등자, 차단봉, 연석 등을 설치하여 보호한다. 이러한 대책들은 식수면적을 보존하고, 운행과 보행을 통하여 토양의 밀도를 증가시킨다. 상세한 지침은 DIN 18916과 '도로시설 지침 - 경관관리'를 참고한다.

계획 단계부터 조경건축 전문가를 포함시키는 것이 바람직하다. 이들의 녹화와 식물활용에 대한 다양한 가능성에 대한 전문적인 지식은 주차면의 적절한 전체 경관을 조화롭게 한다.

5.3.2 나무

나무 종류의 선택은 입지여건과 나무의 성장 특성, 경관적 측면을 고려하여 결정된다. 선택할 때 주차된 차량에 대한, 예를 들어 단풍나무나 보리수 밑의 단물이나 마로니에 나무의 열매 낙화로 인한 가능성을 주의한다. 입지에 적합하지 않거나 기술적 시설(예를 들어, 배수 등)이 성정에 필요한 식종의 선택은 피하도록 한다. 도시 도로공간 활용 측면에서 나무 종류의 적절성은 '독일 도시 포럼의 정원관리 콘퍼런스의 도로공간 가로수 리스트'와 '도심지 도로 식수 지침'을 참고한다.

성공적인 성장 측면에서 가로수 뿌리 공간은 나무 종류에 따라 20-25 cm, 예외적으로 35 cm 까지 적용이 가능하다.

나무들의 간격은 가장 높은 잎이나 줄기가 자연스럽게 성장할 수 있도록 넓어야 한다. 대형 수목(예를 들어, 떡갈나무, 물푸레나무, 보리수, 플라타나스)은 10.0-15.0 m, 중간 정도의 나무 (예를 들어, 개암나무, 아카시아, 붉은잎 상수리나무)는 8.0-12.0 m, 작은 나무들이나 좁은 관 을 갖는 형태 (산딸기, 피라미드 떡갈나무)는 6.0-10.0 m의 간격이 필요하다. 적은 수의 나무 그룹은 필요할 경우 좁은 간격을 통하여 특별한 경관적 효과를 나타낼 수 있다.

나무의 지속적이며 건강한 성장 조건은 충분히 뿌리를 내릴 수 있는 기초 토양은 물론 투수 적이며 개방적인 표층이 필요하다(DIN 18916 참조). 표층은 침하에 대하여 보호되어 나무의 수분이나 산소 공급을 보장토록 한다.

나무 식재에 있어서 설치된 관로나 이와 관련된 보호규정을 고려한다('식목과 지하 관로에 관한 지침' 참조). 새로운 관로는 가능한 한 낙엽이 쌓이는 지역 외에 설치토록 한다. 간격이 좁을 경우 추후 관로 작업 시 특별한 관이 필요하게 된다. '도로시설 지침-경관관리'의 지침 을 고려한다.

5.3.3 관목과 다년생 풀

관목과 다년생 풀은 나무의 하부와 동반식물 또는 독립적인 식재로 활용될 수 있다. 관목이 나 다년생 풀에 의한 식목 보완은 종의 다양화와 주차면의 녹화와 설치에 대한 추가적인 가능 성을 제고한다.

관목 식재 시 교통안전 측면을 고려한다. 주차장 출입구는 물론 차도와 교차하는 지점에 충분한 가시거리가 확보되어야 한다. 식재는 0.8 m 이상 높아서는 안 된다. 또한 잦은 벌초작 업을 방지하기 위한 수종선택이 필요하다. 밀집되고 잘 안 보이는 관목 식재에 따른 안전이나 공포감에 따라 주차면 이용에 제한을 갖게 되지 않도록 유의한다.

관목 종류의 선택 시 확보된 지하와 지상공간에 대한 부담이 없는 성장 형태를 고려한다. 폐쇄된 관목 식재의 경우 일반적으로 식물 간격을 1.0×1.0 m와 1.5×1.5 m로 하여 접근이 용이 하고 관리에 부담을 줄이도록 한다('도로시설 지침-경관관리 2' 비교).

5.3.4 지붕과 전면 녹화

주차건물은 지붕 또는 전면 녹화를 통하여 주변의 도시건축적인 여건에 조화되도록 한다. 지하주차건물의 표층면은 녹화되어 도심광장, 어린이 놀이터, 공공 녹지로 활용될 수 있다. 표층면의 추후 설치나 이용은 건축물의 계획단계에서 고려되어 식재를 포함한 추가적인 무게가 지붕의 구조에 미치는 영향을 사전에 반영해야 한다. 식물의 성장에 필요한 성장과 투수층의 두께는 계획된 식재 형태와 관련이 있다(엉성한 또는 조밀한 녹화 지붕). 또한 뿌리 침투에 대한 압밀을 고려해야 한다. 지상부 지붕 녹화에 대해서도 동일한 가정이 적용된다. 추가적인 지침은 '지붕 녹화 계획, 설치와 유지관리 지침(Richtlinien für die Planung, Ausführung und Pflege von Dachbegrünungen)'을 참고한다.

주차건물의 전면은 도시경관적인 측면에 반하지 않을 경우 덩굴식물로 녹화될 수 있다. 매끄러운 표면에서 대부분의 덩굴식물은 식물이 감싸고 돌 수 있는 보조시설이 필요하다.

흉벽이나 전면 녹화 시 지속적이고 충분한 영양분이 공급되고, 배수에 문제가 없을 경우 화분을 이용할 수 있다. 이 경우 유지관리가 어려우므로 계획단계에서 다른 대안이 있는지를 검토해야 한다. 자세한 사항은 '덩굴식물을 활용한 전면부 녹화의 계획, 설치와 유지 지침(Richtlinien für die Planung, Ausführung und Pflege von Fassadenbegrünungen mit Kletterpflanzen)'을 참고한다.

5.3.5 유지관리

모든 식재의 목적은 안정적이고 자율적으로 조절되는 식물 구성에 있다. 나무, 관목과 다년생 풀의 선택은 및 식재를 위한 시공기술적인 지침은 추후 유지관리에 큰 영향을 미친다. 기본적으로 적절한 입지선택이 건강한 성장을 가능하게 하고, 이로 인한 유지관리 부담을 경감하고 교통안전을 제고한다('도로시설 지침-경관관리 2' 참조).

5.4 안전 규정

5.4.1 개요

교통안전의무는 주차시설의 소유자나 운영자에게 부여된다. 주차장은 언제든지 교통안전적으로 이용이 가능해야 하며, 이는 기상이 불순할 때도 보장되어야 한다. 특정 시간대에 가능하지 않을 경우 주차시설은 해당되는 건설법적 규정과 StVO 45절에 의한 공공 이용이 교통적으로 차단되어야 한다. 모든 교통시설을 포함한 주차시설의 상태는 적절한 주기별로 검사되어야 한다. 안전에 영향을 미치는 확인된 파손은 즉시 제거되어야 한다. 이는 기상으로 인한 영향도 포함한다.

자동주차시스템의 운영안전에 대한 규정은 VDI 4466을 참고한다.

5.4.2 주차장 교통안전

이용 형태에 따라 담장이 있는 주차장에는 대피로와 비상로는 물론 소방수 접속시설이 확보되고 표시되어야 한다.

야간시간대에 경비 없이 공공이용이 되는 대형 주차장에는 경찰 긴급전화가 설치되어야 한다.

나무는 정기적으로 폭풍, 번개 또는 폭설 등 특별한 경우에 구조와 균열에 대하여 검사해야 한다. 나아가 필요할 경우 필요한 통과높이와 가시거리가 확보되어야 한다.

동절기 관리에도 주차장의 이용에 따라 공공 도로와 동일한 요구조건이 준수된다. 청소가 되어야 하고, 보행자 보호를 위하여 미끄럼을 방지하는 모래 등이 투입되어야 한다.

5.4.3 주차건물의 교통안전과 소방

주차건물의 건축적 상태, 교통시설, 전기시설과 안전 조명, 환기시설, CO - 경고시설은 및 소방시설은 해당 연방 주의 주차장 규정과 주택검사 규정에 따른다.

주차장 구분, 표식과 안내표지판은 교통면적이나 피난로가 잘못 인식되거나 활용되지 않도록 설치한다. 또한 비상구에 대한 자유로운 접근이 보장되어야 한다. 대피로는 정전 시에도 명확히 인지되어야 한다. 비상구로 유도하는 안내는 보조전원에 연결되어야 한다.

벽체, 천장과 바닥의 방화설치, 자동으로 닫히는 방화문, 안전하수로와 구명로에 대한 소방 기술적인 규정은 연방 주의 주차장 규정에 정의되었다. 자동 주차시스템에 대한 추가적인 지침은 VDI 4466에 따른다.

계단, 비상로와 승강장 대기 영역의 방화문은 가능한 큰 방화유리를 활용하여 폐쇄된 상태에서도 사람, 사물과 위험을 인지할 수 있도록 한다.

주차장 내에서 차량 화재가 거의 발생하지 않더라도 소방기술적인 시설들이 장애 없는 상태인지를 정기적으로 관리토록 한다.

지역이나 장애에 민감한 지점에 대한 영상감시는 장애나 가능한 위험을 신속히 감지하고 제거할 수 있다. 이는 이용자의 주관적인 안전감을 제고시킨다. 이때 차량이 감시당한다는 느낌이 들지 않도록 한다. 카메라의 각도를 조절하여 영상검지가 운영시설의 제어에 활용된다는 것을 이용자들이 알 수 있도록 해야 한다. 일부 연방 주의 주차장 규정은 비디오 카메라의 투입이 주차관리사무소로부터 직접 여성전용 주차장을 감시하는 것을 금지하고 있다. 광학전자적 통제시설의 이용은 이용자들이 적절한 장소에 위치하고 있다는 것을 인지할 수 있도록 설치한다.

내부 비상전화망을 설치하여 긴급상황 시 고객이 관리자에게 신속히 연결되도록 한다. 경찰이나 소방서가 공공 비상망과 연계되어 있을 경우 이를 통하여 지속적으로 관제센터와 연결망을 확보토록 한다.

주차시설에 지열가스 차량의 주차는 허용된다. 공기보다 무거운 압력가스를 연료로 하는 차량은 제한된다. 지하층을 갖는 주차시설의 진입부에 이에 대한 안내가 제시되어야 한다.

5.5 조명

5.5.1 개요

안전과 질서의 확보, 사람과 물건에 대한 보호 및 안전하고 신속한 교통처리와 주차시설의 이용성 제고, 진출입구를 포함한 제한된 가시상황(어스름, 안개 등)과 야간에 충분히 조명토록 한다. 주차장 시설 내 가시 필요성이 수직면에 기준하므로 도로교통 조명보다 수직 조명 휘도에 높은 기준을 설정토록 한다.

DIN EN 12464에 목표 조명 휘도의 요구와 계산법, 주차장과 주차시설의 기본적인 최소 조명 휘도가 제시되었다.

5.5.2 도로상과 도로측면의 주차면 조명

일반적으로 확보된 도로 조명으로 어두울 경우에도 안전하게 주차할 수 있다. 때로 조명점 높이를 변경하거나 조명등 간격이나 조명 용량을 조정하여 골고루 비치는 효율적인 조명이 가능하다. 설계 때부터 조명되어야 할 주차면들이 식물의 성장으로 인하여 가려지지 않도록 한다. 도로 측면 조명에 대하여 DIN EN 13201에 제시되었다.

5.5.3 주차장 조명

전체 주차면의 크기와 기하학적 형태는 조명점의 수와 높이에 주요 요소이다. 가능한 한 균등한 조명이 되도록 한다. 조명점 높이의 설계 시 지점 또는 경관을 고려한다. 주차면에 있어서 색채와 색채 대비의 인지가 중요하므로 적용되는 광원의 색채반사 특성에 높은 요구조건을 설정한다. 또한 곤충 친화적인 조명과 조명재료가 이용되어야 한다.

도로, 철도, 철도건널목, 항만이나 공항 인근의 주차면 조명은 어떤 경우에도 그곳에 설치된 교통신호, 교통과 선박안내 표시와 혼동이 되거나 기능에 영향을 미쳐서는 안 된다.

5.5.4 주차건물 조명

주차건물 내에서는 차로의 조명뿐만 아니라 주차면과 경계지역의 조명에도 주의해야 한다. 주차된 차량이 인접한 지역에 그림자를 형성할 수 있으므로 천장이나 벽체는 조명을 위하여 가능한 한 밝게 채색한다. 반사율은 천장과 벽체에 대하여 0.7, 바닥에 대하여 0.2를 기준으로 한다.

조명체는 주차차량으로 인한, 예를 들어 측면 또는 낮은 설치 시 눈이 부시거나 거울 효과가 발생하여 기능을 제한하지 않도록 한다. 낮은 층고의 경우 천장의 조명은 가능한 넓은 반사각을 확보하여 바닥면의 효율적인 조명을 보장한다. 주차장과 같이 주차건물 내에도 조명원의 색채반사 특성에 높은 기준을 설정하여 색채와 색채 대비의 인지도를 높이도록 한다.

보도의 조명은 차량운행 방향을 명확하게 하기 위하여 횡방향으로 설치하여 눈부심을 최소화하고, 차량 안테나 등을 통한 파손을 방지토록 한다. 볼록형 지점, 접속부, 횡단지점과 징수시설과 같이 특별히 위험한 장소에는 추가적인 조명을 필요로 한다. 색채를 변경한 추가적인 조명 또는 특수한 조명 배치를 통하여 주의력을 높이도록 한다.

주차시설의 도로와 진입 또는 진출구간에는 일반적으로 하루 시간대에 따른 밝기의 차이가 발생한다. 이와 같은 적응구간에서는 효율적인 심리적 전환이 이루어지도록 한다. 구간의 길이는 시간적인 적응 흐름에 맞추어 조정되며 평균적으로 체류와 운행시간 약 3초를 적용토록 한다. 조명의 조정은 변화하는 하루 조명 상태에 따라 자율적으로 이루어지도록 한다.

경제적인 이유로 교통량이 적은 시간대에 완전 조명을 제한하여 주차 지역의 일부만 조명토록 하고, 차량 운행이나 보행자를 감지하여 자동으로 조명이 작동되도록 하는 것도 가능하다.

정전 시 대체 에너지원을 통하여 최소 1 lx의 조명 휘도가 최소한 60분 동안 보장되도록 한다. 구명로나 출구의 비상등은 비상 시에 주차건물을 안전하게 빠져나갈 수 있도록 방향을 잘 인지토록 한다.

자동주차시스템의 조명에 대한 추가적인 지침은 VDI 4466을 참고한다.

5.6 배기

차량의 내연기관에 따라 주차건물에는 유해물질이 집중된다. 따라서 호흡 시에 유해물질을 기술적으로 최소화하기 위하여 공기순환에 대한 규정을 준수한다. 주차공간 이외에도 추가적으로 설치된, 예를 들어 징수소, 화장실, 계단과 승강기 앞 대기공간 등도 해당된다. 프로젝트 초기 시 연방 주의 주차장 규정에 따른 대기위생 최소 조건이 고려되어야 한다.

밀폐된 중간 주차장과 대규모 주차장에서 자연적인 배기가 불가능할 경우 기계적인 배기시설의 설치가 필요하다. 이 시설들은 연방 주의 주차장 규정에 따른 유해물질 한계값이 정기적으로 발생하는 교통집중 시간대에도 초과되지 않도록 한다.

유해물질 한계값이 초과될 경우 시각적, 청각적 경고시설이 자동으로 작동되어 유독가스 흡입에 대해 경고하고, 엔진을 정지하고 즉시 주차장을 떠날 것을 안내한다. 이때 출구는 개방하고 입구는 차단한다. 이러한 경고가 정전 시에도 작동되어야 하므로 경고시설은 추가적인 대체전원으로 연결되어야 한다.

배기시설과 CO-경고시설의 설치는 물론 정확한 CO-한계값에 대한 상세한 내용은 연방 주의 주차장 규정과 VDI-지침 2053 I를 참고한다.

5.7 청소와 폐기물 처리

주차건물은 설계 시부터 더러워질 여지가 있는 사각지대나 잔여면적이 발생하지 않도록 한다. 조명이 잘된 직선형의 형태가 깨끗하게 유지된다.

적절한 청소기계는 먼지가 이용자나 운영자의 건강이나 안전을 위협하는 것을 방지한다. 흘려진 연료나 소량의 기름 등은 특별한 소재로 제거한다. 건축설비로 허용된 벤진과 유류분리기를 표층수 처리구에 설치하면 연료나 유류가 하수구로 배출되는 것을 방지한다. 이 시설들은 정기적 또는 필요할 경우마다 비우고 청소해야 한다. 바닥 배수구나 청소배출구는 주차면 지역과 필요한 우회구간이 아닌 가능한 한 통로 경계지역에 설치되어야 한다.

전시장, 쇼핑센터, 대형시장과 패스트푸드의 주차장에는 주로 포장재인 많은 폐기물들이 발생한다. 수용 규모가 크고 정기적으로 비워지는 중앙에 위치한 쓰레기통은 청결을 유지하는 데 중요하다. 가능한 한 종이, 유리와 기타 쓰레기에 대한 분리수거가 필요하다. 폐기물통에 허용되지 않는 가정 폐기물이 투하되는 것을 방지하기 위해 제한된 투입구가 필요한 경우가 있다.

폐기물이 컨테이너에 저장되는 공간은 통풍이 잘되고 청소가 용이해야 한다. 대지 내 위치는 컨테이너가 청소차량에 의하여 긴 운행거리가 발생하지 않도록 결정한다.

주차시설 이용과 운영

6.1 개요

주차시설의 이용방안과 외부의 잠재적인 이용객과 주차장 내부의 실제적인 이용자에게 제공되는 정보와 가능한 운영개념 등에 대한 고려가 주차공간관리의 주요 과제이다. 세부과제에 대한 내용이 다음에 서술된다. 공공 도로공간에서의 주차공간운영은 2.4절을 참고한다.

운전자는 일반적으로 정적이나 가변 정보를 통하여 여유 있는 주차공간으로 유도된다. 공공 도로공간 외부의 주차시설에서 도로 교통에서 주차차량으로 전환되는 지점에 다양한 징수시스템과 관제시스템이 존재한다. 설계와 시공 시 기준이 되는 교통량에 대한 예측되는 대기행렬이 고려된다. 대기시간은 교통흐름의 수준을 결정하게 된다.

주차장과 주차시설에 대한 법적으로 제시된 적절한 전문적인 유도시설은 교통안전과 이용자−운전자 또는 보행자로서− 의 수용성을 증대시킨다.

도심지역의 이용과 운영에 있어서 어느 정도 표준화가 이루어진 주차시설 이외에 외곽부에는 다양한 운영 형태에 대한, 다양한 이용자그룹에 대한 적용범위 또는 전체 시설 또는 개별 주차면에 대한 특별한 이용목적이 존재한다.

주륜장의 재원과 운영에 대한 상세한 사항은 주륜장 지침에 제시되었다.

6.2 주차유도시스템

6.2.1 개요

공공으로 접근이 가능한 주차장과 주차시설을 위한 **주차유도시스템**과 정보시스템은 교통관리의 일부 시스템이다. 주차시설당 50~60 주차면 이상되는 시설은 도로의 안내표지판과 교통표지판을 통하여 주차가능성을 알려주도록 한다.

정적 주차유도시스템　주차장과 주치시설의 위치에 관한 정보만을 제공한다. 이는 개별 주차시설들이 공간적으로 잘 분포되고 유사하게 매력적인 것을 가정한다.

동적 주차유도시스템　상황에 따라 변하는 안내표지판을 이용하며, 시스템에 포함된 주차시설들이 수요 변화가 심할 경우에 적절하다.

주차안내시스템이 운전자로부터 특별한 유도시스템으로 인식되어야만 할 경우 독자적인 주차유도안내시스템이 설치된다. 이는 '추가적인' 유도시스템으로서 다른 도심내부의 안내시스템과 구별되나, 목적지 제시는 상호간에 조화된다.

일반적으로 동적 주차유도시스템의 다음과 같은 목적들이 추진된다.

- 주차장이 점유되었을 경우 조기에 정보 제공
- 여유 있는 주차장으로 지속적이며 집중된 유도
- 원하지 않는 주차배회차량의 감소
- 공공으로 확보된 주차공급의 균등한 활용과 효율적인 이용

기능적인 주차유도시스템 설치의 가정은 시스템에 포함된 주차장들의 위치, 시설과 요금에 대한 비슷한 수준의 매력이다.

주차유도시스템의 장점은 대상지역 내의 모든 주차장 운영자들이 도로시스템에 참여할 경우에만 확보된다.

추가적인 개념적 지침은 '주차유도시스템-개념과 제어(Hinweise zu Parkleitsystemen-Konzeption und Steuerung)'에 포함되었다. 비용/편익과 주차유도와 정보시스템의 효율성에 대한 기본적인 의문점들은 경제성분석지침(EWS: Empfehlungen für Wirtschaftlichkeitsuntersuchugen von Straßen)에 설명되었다. 주차유도시스템의 안내표지 설치는 고속도로 이외 도로안내 표식 지침서(RWB: Richtlinien für die wegweisende Beschilderung außerhalb von Autobahnen)에 의하며 여기에는 주차유도시스템과 호텔유도시스템에 대한 특별한 운영지침이 제시되었다.

6.2.2 목적지 유도

주차유도시스템을 통하여 운전자는 목적지까지 경로에 대한 사전 정보 없이 유도되어야 한다.

지역의 진입부에서부터 종합적인 공공 주차공간 제공에 대한 대형 안내판을 이해하기 쉽게 설치해야 한다. 안내판에는 주차지역별 내용이 간략한 형태로 제시된다. 예를 들어, 간략한 도심지도에 주차장까지의 주요경로, 현 위치의 명칭 등을 포함한 보다 많은 정보가 안내판에 제공될 경우 운전자가 차량을 운행하면서 이를 파악할 시간이 확보되지 않는다. 이 경우 운전자가 정보를 습득할 수 있도록 최소한 2번 이상 차량이 정차하도록 한다. 이러한 정차가능성은 사전에 인지되어야 한다.

목적지가 중첩되는 것을 방지하기 위하여 도시기능적으로 주차영역들이 구분되며, 지역에 일반적인 호칭인 '구도심' 또는 '…지역' 등으로 표현된다. 활용되는 지역명칭은 주차안내시스템으로의 진입지점에서 목적지까지의 도착과 다음 영역으로의 목적지 명칭으로 활용된다(지역별 안내). 한 지역 내에는 경로에 위치한 최종 목적지들이 표현된다(주차장 안내). 이러한 주차안내시스템 설치에 대한 예시는 부록 H의 그림 H.1에 제시되었다.

6.2.3 안내판 설치

주차안내시스템 **안내판**의 설치는 다음과 같은 내용들을 포함한다.

- 색채, 판 규격, 글씨체와 글씨 크기는 **고속도로 이외 도로안내 표식지침서**에 따라야 한다. 공공 교통표지판(규제표지, 안내표지와 보조표지)을 적용한다. 표지판의 '예술적인' 설치 형태는 기본적으로 거부된다.
- 안내표지판의 기본 색상은 백색과 청색이다.
- 고속도로 이외 도로안내표식 지침서의 기본원칙인 통일성, 인식성, 가독성, 방향성과 화살표 표식 등을 준수한다.
- 고속도로 이외 도로안내표식 지침서의 ISO‐화살표는 준수되며 짧은 화살표가 적용된다.
- 글자를 통한 정보제공보다 심볼을 통한 정보제공을 우선한다. '주차장' 심볼이 사용될 경우 목적 안내가 먼저 표시된다.
- 최대로 제공되는 목적지의 수를 제한해야 한다. 방향별로 4개의 목적지를 초과해서는 안 된다. 정적인 주차안내표지판은 10개 목적지로 제한되며, 동적 주차안내표지판의 경우‐목적지 안내와 더불어 주차상황이 함께 표현되어야 하므로‐5개를 초과해서는 안 된다. 예를 들어, 회사명칭과 같은 사적인 목적지 명칭도 교통측면에서 중요성을 갖는 시설인 경우 사용이 가능하다.
- 시인성과 가독성 측면에서 해체된 표 형태의 안내표지판이 사용된다.
- 글씨 크기는 안내판의 설치위치(차로의 측면 또는 상부), 허용 최고속도와 차로 수에 따라 결정된다. 최소 글씨 크기는 126 mm이다. 긴 목적지 명칭의 경우 2단 배열을 방지하기 위하여 좁은 글씨체가 사용될 수 있다. 동적 여유 주차장 수를 나타내는 글자 크기는 최소 200 mm여야 한다. 최고허용속도와 관련된 글씨 크기와 높이는 표 6.1에 제시되었다.
- 안내판은 DIN 67250‐2에 따른 Folien Type을 따른다. 밝은 배경을 갖는 측면 설치의 경우 작은 반사를 고려하여 Type 3의 적용을 고려한다(**수직 교통표식과 교통시설의 조명기술적 용량수준 선택을 위한 치침**(HWBV: Merkblatt für die Wahl der Bauart von Verkehrszeichen und Verkehrseinrichtungen hinsichtlich ihrer lichttechnischen Eigenschaften)).

중요한 규제표지, 안내표지, 보조표지와의 연계 표출 및 적절한 심볼은 부록 J에 제시되었다.

표 6.1 측면 설치 안내판의 허용 최고속도에 따른 글씨 크기와 높이

V증폭(km/h)	고정식 안내판의 글자 크기(mm)	동적 안내판의 글자 크기(mm)
50	126	200
60~70	140	250
80~100	175	300

6.2.4 정적 주차안내시스템

정적 주차안내시스템에서 운전자는 어떤 지역 내에 개별 주차장들이 어디에 위치하였는지를 안내판을 통하여 알게 된다. 주차장의 명칭과 형태와 목적지가 표시된다. 그림 J.2에 설치 사례가 제시되었다.

고속도로 이외 도로안내표식 지침서에 따라 ISO-약자들이 사용된다.

- 고속도로 이외 도로안내표식 지침서의 ('주차장') 314 StVO 표지
- 고속도로 이외 도로안내표식 지침서의 ('P+R') 316 StVO 표지
- 고속도로 이외 도로안내표식 지침서의 주차장 심볼

개별적으로 주차유도표지판이 주차안내표지판에 함께 나타날 수 있다(부록 J 그림 J.3).

6.2.5 동적 주차유도시스템

일반적으로 주차유도시스템은 중간 규모나 대도시에 적용된다. 추가적인 적용 조건은 주차 수요가 높아 실질적인 주차상황 정보와 주차배회차량의 목적지로의 유도가 필요한 경우이다.

동적 주차유도시스템의 구성은

- 주차장 내 주차차량의 검지시설(주차자료수집장비 또는 운영시스템과의 연계시설)
- 도로변의 안내시설
- 주차유도컴퓨터(통신, 제어, 서비스, 통계 기능을 갖춘)
- 개별 시스템 구성 간의 정보 교류 통신망

안내표지판 형태로는

- Free-/Occupied-/Closed- 안내
- 잔여 주차면수 또는
- 거리와 함께 방향표식

Free-/Occupied-/Closed- 안내와 거리와 함께 방향표식의 경우 주차점유 예측 기능을 갖는 제어기법이 적용된다. 숫자로 제공되는 잔여 주차면 제공의 경우 예측 기능 없이 현재 이용 가능한 주차면수를 제공하게 된다. 정확성과 신뢰도를 제고시키기 위해 잔여 주차면수는 1단위로 갱신토록 한다. 추가적인 사항은 주차유도시스템 지침을 참고한다.

많은 정보처리 문제로 인하여 잔여 주차면수 제공을 추천한다. 다른 안내 방안에 비하여 운전자는 자신의 목적지 주변 점유상황 정보에 기반하여 결정할 수 있는 기회가 제공된다. 그림 J.4는 설치 사례를 제시한다.

모듈 방식으로 설치하여 개별 안내판이나 주차장이 언제든지 연계되거나 단절될 수 있도록 한다. 중앙제어방식의 경우 모든 안내표지판은 주차유도컴퓨터에서 통제되고 감시된다. 일반적으로 주차장간에는 유선망으로 연계된다. 그러나 최근의 IT 발전을 고려하여 무선망의 적용, 특히 방사형으로 구성된 배치일 경우 더욱 바람직하다.

중앙제어방식의 경우 주차상황에 관한 실질 정보를 교통컴퓨터, 라디오방송국, 인터넷 서비스로 제공할 수 있다.

동적 주차유도시스템에 대한 다양한 형태에 대한 사례는 부록 H의 그림 H.5에 제시되었다.

6.3. 징수와 통제

6.3.1 무 통제 진입과 진출

예를 들어, 소유자, 임대인, 고객 또는 방문객들로부터 시간에 관계 없이 요금을 징수하지 않는 주차장의 경우 일반적으로 징수나 **통제시스템**을 갖추지 않는다. 특정한 그룹이나 불법적인 이용이 우려될 경우 허가된 차량들에게 표식을 하거나 샘플방식으로 통제를 하도록 한다.

무 통제 진입과 진출에서 주차장이나 주차 건물이 요금을 징수할 경우 공공과 민간으로 운영시설을 구분한다.

공공 주차시설의 경우 무 통제 진입과 진출은 주차시간 통제를 위한 주차증 또는 자동주차증기계를 활용한다. 주차시계 방식의 주차장 운영이나 수동주차발급증과 수동징수를 통한 주차장의 운영은 비경제적이다.

민영으로 운영되는 무 통제 진입과 진출 주차장의 경우 주차면에서 수동으로 요금을 징수한다.

주차장 면적이나 진입량이 일정할 경우 주차장 면적별로 점유를 통제하기 위한 관리자를 배치한다. 요금징수자는 점유된 경로로 배회한다.

대규모 주차시설이나 진입 교통량이 많을 경우 특정 지역에 주차면 안내자와 요금징수자를 투입하여 차량의 분산을 제고하며, 주차장 진입부에서의 지체를 방지한다.

주차증이나 자동주차기계의 투입은 정기적으로 감시되어야 하나, 위반 시 주차시간 규정에 대한 민사상의 문제로 인하여 적절하지 못하다.

6.3.2 통제된 진입 또는 진출

통제된 진입 또는 진출 징수시스템은 일반적으로 특정 그룹에 대하여 주차가 규정되고, 통제되거나 전체적인 주차요금이 징수되는 곳에 적용된다. 이러한 형태의 **징수시스템**은 행사나 여가시설에 우선적으로 적용된다.

주차장 진입부에 **개폐기**가 없이 수동으로 요금을 징수하는 것이 가장 일반적이다. 추가적으로 진입과 진출 개폐기가 설치되어 주차수요에 따라 진출입을 통제할 수 있다. 진입 교통량이 집중될 경우 개폐기를 개방한 상태에서 작동시키지 않아도 된다. 반면에 진출 개폐기를 통하여 연계도로로 진출하는 교통량을 통제할 수 있다.

진입구에서의 통합된 자동 요금징수에서 주차차량의 진입을 위한 진입통제와 진입허가는 진입통제장비에 의하여 제어된다. 통제장비는 주차요금을 징수하고, 주차증을 발부하며, 진입을 위한 개폐기를 자동적으로 통제한다. 진출은 통제 없이 진행된다. 이러한 형태의 징수시설은– 사례가 매우 적지만 – 여가시설에 많이 적용된다.

6.3.3 통제된 진입과 진출

6.3.3.1 개요

통제된 진입과 진출시스템은 주차시설의 징수시스템 중 가장 일반적이다.

인력이 투입되는 진입과 진출통제(6.3.2절과 6.3.3.3절)는 높은 인건비로 인하여 현재 잘 실현되지 않으나 주차요원의 배치로서 고객에게 안전욕구를 만족시킬 수는 있다.

가장 일반적인 것이 자동 진입과 진출통제이다(6.3.3.4~6.3.3.6절). 이들은 대부분 3개의 서로 관련된 위계로 구분되는 시스템 그룹으로 분류한다.

유도와 운영컴퓨터　제어장비와의 통신과 주차공간관리 기능을 수행한다.

제어장비　개별 진입과 진출그룹을 제어하며, 자동요금징수과정을 처리한다. 처리자료는 유도와 운영컴퓨터에 전송된다.

진입과 진출통제그룹　검지기, 티켓발권기 또는 티켓리더기, 진입개폐기, 진출개폐기와 요금징수기 등으로 구성된다. 티켓발권기와 티켓판독기는 일반적으로 마이크를 장착하여 필요할 경우 진출입 운전자와 통화하도록 한다.

자동 진출입 통제시설의 차이점은 적용되는 제어매체로서 최근의 IT 기술 발전에 힘입어 매우 다양한 형태의 통제된 징수시스템이 개발되고 있다. 제어매체는 형태, 재료, 운영과 자료처리에 따라 구분된다.

6.3.3.2 진입구 수동 주차증 발급과 동시에 출구 수동 요금징수

이 징수시스템은 진입과 진출시설이 한 사람에 의하여 규제된다. 일반적으로 징수요원은 진출입구 중간 박스에 위치하여 차량이 진입과 진출 시 징수를 담당한다. 운전자는 박스에 정차하여 일자와 시간이 기입된 주차증을 접수한다. 징수요원은 버튼을 작동하여 진입개폐기를 개방한다. 진출구에서 운전자는 주차증을 징수요원에게 제출하고 요금을 정산한다.

6.3.3.3 진입구 자동 주차증 발급과 진출구 수동 징수

운전자는 진입구에서 버튼을 눌러 주차증을 발급받거나 진입제어기 하부의 루프검지기를 통과하여 코딩된 주차티켓을 받는다. 주차티켓의 발급과 함께 진입개폐기가 동시에 개방된다. 진출구에서 운전자는 주차증을 자동판독기에 삽입하거나 징수요원에게 제출하여 자동요금징수기를 작동토록 한다. 요금이 정산된 이후 버튼을 통하여 진출개폐기가 개방된다.

6.3.3.4 진입구 자동 티켓 발급과 진출구 수동 티켓 제출

자기장 티켓이나 **바코드 티켓**을 활용한 통제된 진입과 진출 징수는 가장 확산된 시스템이며, 이 중 자기장 티켓이 가장 많이 적용된다. 자기장 티켓이나 바코드 티켓은 일방 매체로서 종이로 이루어진다. 바코드 티켓의 관련 자료가 문자와 코딩된 형태로 카드에 인쇄되어 있는 것에 반하여 자료처리를 위한 자기장 티켓은 추가적으로 자기선이 포함되어 있다. 자기장 티켓은 중간선 또는 측면선으로 구분된다. 판독기를 위한 측면배치기술은 ISO 기준에 기초한 신용카드/지불카드에 선택적으로 적용되기도 한다(6.3.3.5절). 이는 중앙배치일 경우에는 적용이 불가능하다.

자기장 또는 바코드 티켓을 활용한 통제된 진입과 진출의 주요 이용자그룹은 방문 주차객들이다. 이용자는 진입구의 루프검지기를 통과하여 진입통제기에서 버튼을 활용하여 장소, 일시와 진입시간이 기입된 티켓을 발부받는다. 동일한 자료가 자기장에 저장되거나 바코드에 인쇄된다. 제어기로부터 티켓을 발급받은 후 진입개폐기가 개방된다.

이용자가 주차장을 떠나기 이전에 주차티켓으로 자동주차정산기나 징수요원에게 요금을 지불한 이후 진출허가가 티켓에 코딩된다. 이후 진출구로 가서 판독기에 주차티켓을 삽입한 후, 통제기로부터 진출이 허가될 경우 자동적으로 진출개폐기가 개방된다. 진출통제기 후방의 차도에 매립된 루프검지기를 통과한 이후 진출개폐기가 닫혀진다.

요금지불과 주차장 진출 간에는 주차장의 규모에 따라 결정되는 여유시간이 적용된다 (6.3.4절).

자기장 또는 바코드 티켓 대신에 주차 chip, chip coin 또는 chip card ticket에 주차시간과 일시가 저장될 수도 있다.

Park chip/chip coin과 **chip card ticket**은 복수로 정보저장이 가능하고 재사용이 가능하다. 두 개의 제어매체는 형태와 작동에 있어서 큰 차이를 나타낸다.

6.3.4 보완 사항

요금구조, 영업시간, 자동시설 이용방법 등에 관한 정보는 지속적으로 이해하기 쉽게 공지되어야 한다. 보조원이나 주차요금 지불의 다양화 등에 관한 정보를 제공토록 한다.

진출구에서 카드를 삽입하는 징수시스템에서 카드에 삽입 방향으로 화살표를 표시하는 것이 매우 중요하다. 또한 카드를 딱딱하고 얇은 재질로 작성하여 주머니나 지갑 내에서 파손이 되지 않으며, 징수시간이 절약되도록 한다. 이는 특히 바코드 카드에 효율적이다.

이용자가 자동요금징수기계에서 요금을 정산한 이후 차량을 진출할 때까지 요금에 대한 유예시간이 적용된다. 유예시간은 시설의 규모와 진출차량 대수와 관련이 있다. 유예시간은 평균적으로 15분이며, 지불된 주차요금 기간 종료 이전에 끝나서는 안 된다.

주차장에 비디오 카메라를 설치하여 진출입 차량의 번호판을 자동으로 인식토록 한다. 차량의 앞부분이 진입개폐기를 통과하거나 진입부의 루프검지기를 통과할 경우 비디오 카메라가 영상을 찍어서 통제컴퓨터로 전송한다. 컴퓨터는 수집된 차량의 번호판을 등록하여 진출입 통제에 활용한다. 저장된 영상은 발부된 티켓의 진입정보와 함께 데이터뱅크에 저장된다. 이러한 절차에 적합하게 개발된 소프트웨어가 차량의 번호판을 자동으로 인식한다. 진출구에서 진출차량의 디지털 영상정보가 자동으로 저장되고 진입정보와 일치하는지 여부를 판단한다. 만일 정보가 일치한다면 진출개폐기를 개방하는 요금징수 절차가 진행된다.

6.3.5 교통기술적인 설계

6.3.5.1 개요

주차장의 진출입구에서 발생하는 주변 도로망과의 교통처리가 중요하다.

진출입구는 **설계기준 교통량**에 대하여 원하는 서비스 수준에서 처리되도록 한다. 징수시스템의 설계기준으로는 진출입 시간과 징수시설 전방에서의 대기행렬길이이다. 진출입 시간은 교통류의 서비스를 결정하는 지표이다. **대기행렬 길이**는 징수시스템의 대기공간을 결정하는 지표로 활용된다. 기준 값과 설계 다이어그램은 '**도로용량편람**(HBS: Handbuch für die Bemessung von Straßenverkehrsanlagen)'을 참고로 한다.

6.3.5.2 기준 교통량

진출입구의 징수시설 설계에 필요한 기준 교통량은 다음과 같이 산출한다.

$$q_{설계} = q_1 \cdot \sum P$$

여기서 $q_{설계}\left(\dfrac{승용차}{시}\right) = $ 설계기준 교통량

$q_1\left(\dfrac{승용차}{시}, 주차면\right) = $ 시설 기준 교통량

$\sum P\,(주차면) = $ 최대 점유시 주차면

정기적인 완전 점유가 시설의 용량인 $\sum P$에 해당한다. 이때 부록 I의 진출입 누적곡선의 표 I.1의 값들이 적용된다.

설계교통량은 한 시간 동안 일정한 것으로 가정한다. 자주 발생하지 않는 첨두시간 비율은 시설이 과다하게 설계될 수 있으므로 고려하지 않는다.

6.3.5.3 징수시간과 용량

용량은 징수시설이 주어진 조건 내에서 진출입구에서 최대한 처리할 수 있는 교통량을 의미한다. 징수되는 차량의 최댓값은 징수시설 전방에 항상 차량이 대기 중일 경우에 발생한다. 그러나 이러한 지속적인 차량 대기행렬은 높은 대기시간과 대기행렬을 초래한다. 따라서 징수시설의 용량은 적정한 수준의 대기시간과 대기행렬이 발생하도록 포화도를 고려한다.

징수시스템과 징수시설의 **징수시간**과 용량은 설치와 규정이 적절하게 작동한다는 가정 하에서 부록 I의 표 I.2에서 제시된 값들을 적용한다. 평균 포화도는 80%를 초과해서는 안 된다.

6.3.5.4 대기공간과 대기시간

신규 계획일 경우 진입통제 시설 내의 대기공간은 공공 도로공간 이외 지역에서 설치되도록 한다. 징수시설은 진출 대기행렬이 보행자나 차량 통행에 영향을 미치지 않도록 건물 안쪽으로 배치되어야 한다. 차량 간 간격은(차량길이를 포함하여) 6.0 m로 한다.

주차시설이 간선도로에 인접하여 설치될 경우 대기공간은 95%의 안전성을 갖고 용량초과에 따른 충분한 차량대기길이를 처리할 수 있도록 설계한다. 집산도로나 국지도로에 설치되는 주차장의 경우에는 용량초과가 가끔 허용된다. 이 경우 85% 안전성을 갖는 과포화 발생 가능성이 인정된다. 선택된 과포화 안전율에 따른 대기행렬의 길이는 징수시스템의 종류에 따라 부록 I의 그림 I.1을 참고토록 한다. 개별 징수시스템의 다양한 용량 차이는 대기길이에 큰 영향을 미친다. 교통량이 일정할 경우 용량이 증가할수록 대기길이는 감소된다.

기존 주차시설의 진입부에 확보해야 할 대기공간이 부족할 경우 도로의 회전차로를 진입구에 활용할 수 있는지를 검토한다.

주차장이 완전히 점유된 경우에는 주차시설 내에 대기공간이 부족하다. 이 경우 효율적인 주차안내시스템을 도입하여 개별 주차시설 앞에서의 불필요한 대기시간을 감소시키도록 한다.

차량정체가 진입구뿐 아니라 진출구에서도 발생하므로 진출구 앞의 정체로 진입구가 막혀서도 안되고, 시설 내의 교통흐름에 장애가 없도록 진출입 시설을 설계해야 한다. 다차선 진출구의 경우 차로별로 대기공간을 확보하여 평상 운영 시 진출구 앞에서 상호 간에 간섭작용이 발생하지 않도록 한다. 다차로 운영 시 징수단면 후방의 차량들이 상호 교차하면서 대기토록 하며, 개별 징수시설을 기술적인 차단으로 운영하지 않도록 한다.

이미 요금을 지불한 대기 중인 차량들은 출구 징수시설의 용량에 영향을 미쳐서는 안 된다. 따라서 징수시설의 설계 시 출구에서의 징수시설과 도로망 접근부에 약 4~5대 가량의 차량이 대기할 수 있는 공간을 확보하도록 한다. 접속부가 신호교차로에 의해 통제될 경우 대기공간은 신호제어에 영향을 받는 차로수와 길이를 고려하여 결정한다.

출구에서 충분한 대기공간의 확보는 과포화에 대한 85%의 안전성을 갖도록 설계한다. 이 설계기준에 따른 대기행렬은 부록 I 그림 I.2에 따른 투입되는 징수시스템의 값들을 적용한다.

주차시설 진출입구 교통흐름의 수준 결정은 평균 징수시간과 평균 대기시간이 합쳐진 진입과 진출시간을 기준으로 한다. 이는 설계기준교통량과 투입되는 징수시스템과 관련이 있다. 이는 부록 I 그림 I.3, I.4를 참고로 한다.

모든 징수시스템에서 진입구와 진출구의 대기시간 비율은 교통량이 증대할수록 급속하게 증가한다. 그림 I.3, I.4에서는 진입 또는 진출시간 수준에 따른 징수시스템의 서비스 수준을 제시하고 있다.

일반적인 경우 **서비스 수준** D가 징수시설의 정량적인 요구조건을 만족한다고 판단한다. 이는 평균 80%의 용량포화도일 경우 진입 또는 진출시간이 최대 60초 정도를 넘지 않도록 한다. 서비스 수준 D로 설계할 경우 개별적인 경우 최대 평균대기시간이 발생할 수 있으며, 이 경우 최대대기행렬은 (10~20 승용차 대수)에 이를 수도 있다. 이러한 대기공간이 확보되지 않을 경우 좀 더 높은 서비스 수준을 선택하도록 한다.

특정 서비스 수준에 대한 교통량에 따른 소요 대기공간길이는 평균 진출입시간 수준에 대한 95%와 85% 과포화에 대한 안전확률을 준수하면서 부록 I 그림 I.1, I.2로부터 산출한다. 역으로 허용 교통량에 대한 주어진 대기공간길이로부터 이 교통량에 따른 평균 진입과 진출시간을 부록 I 그림 I.3, I.4로부터 산출할 수 있다.

6.4 안내표지와 유도시설

6.4.1 개요

주차시설에는 가급적 적은 수의 안내와 유도표지판이 설치되는 것이 바람직하다. 표지판의 내용은 심볼을 활용하는 것이 바람직하다.

공공도로 주차장에서는 구속력 있는 교통표지(StVO $$ 39~42)와 교통시설(StVO $$ 43)을 적용한다. 안내표식과 차선표식은 도로교통 담당기관과 사전에 협의하며, 교통법규에 의하여 규정한다. 시행은 StVO 규정, **도로차선 표식지침서**(RMS: Richtlinien für die Markierung von Strassen)와 **고속도로 이외 도로안내 표지판지침**(RWB: Richtlinien für die Wegweisende Beschilderung außerhalb von Autobahnen)에 의한다. 적용되는 규정은 **교통표지판과 교통시설의 설치지침**(HAV: Hinwleis für das Anbringen von Verkehrszeichen und Verkehrseinrichtungen)에 설명되었다.

공공 도로공간 이외의 주차장과 주차시설 역시 구속력 있는 교통표식이 적용된다. 여기에는 적은 통과높이, 축소된 규격(420 mm 직경 Lamp)의 교통표지판을 적용하는 것이 바람직할 경우도 있다. 유도시설에는 추가적으로 구속력이 없는 안내표지, 움직이는 높이제한시설, 차선표식이 적용될 수 있다.

주차장 내부의 교통유도는 승용차뿐 아니라 보행교통 및 주차차량으로부터 출구 또한 입구에서부터 주차차량까지를 포함한다. 대규모의 주차 건물은 승용차와 보행교통을 위해 세밀히 계획되고 잘 운영되는 방향안내시스템이 구축되어야 한다.

벽과 바닥 표식과 교통과 안내표지의 설치는 주차장 내부의 좁은 공간에서 차량과 보행자의 잘못된 이용을 방지하는 데 기여해야 한다. 교통통제와-유도용 표식과 같은 시설은 기하학적 형태와 내용이 확실해야 하고, 시인성 측면에서 주변과 확연히 비교되도록 설치되어야 한다. 광고표지판 등은 안내와 유도시설의 시인성과 가독성에 영향을 미쳐서는 안 된다.

주차장의 안내표지판으로 허용된 StVO의 교통표식과 보조표식 StVO와 주차시설에의 적용을 위한 심볼 등은 부록 J에 제시되었다.

6.4.2 도로공간의 주차와 하역장 시설

도로변의 평행 주차에서는 교통기술적인 요인과 표식 가능성 측면에서 주차면의 차선표식을 생략할 수 있다. 특정한 적용지역에 있어서는 주차면 구역을 표식할 수 있다. 예를 들어, 다음과 같은 주차면이 해당된다.

- 특정한 이용자그룹을 위한 주차면(장애인, 경찰, 택시 등)
- 주차시계로 운영되는 주차면
- StVO 표식 325/326에 의하여 교통정온화 구역으로 지정된 주차면

주차면은 단지 경계에만 표식된다. 전체 주차면을 표식할 경우는

- 주차면이 단독으로 설치될 경우
- 개별 주차면이 특별하게 인식되어야 할 경우
- 경계선에만 표식할 경우 지역적인 조건에 의하여 오해를 초래할 경우

개별 주차면은 좁은 실선, 평행주차 차로는 굵은 실선으로 표식한다.

외곽부의 경우 주차차로와 주차구역은 추가적으로 StVO의 314에 의하여 차로 옆에 ('주차')를 표식할 수 있다.

각 주차와 직각 주차에서 개별 주차면들의 구분은 측면의 경계선으로 표식한다. 지역적 조건에 의하여 발생할 수 있는 오해를 줄이기 위하여 주차면의 상하 경계선을 표식할 수 있다.

주차차로 전체 또는 일부가 보도에 설치되어야만 할 경우 보행통로로부터 잔여면적의 보도 부분에 좁은 실선으로 경계선을 설치한다. 각 주차와 직각 주차의 경우에도 차로에 필요한 주차면적에 대하여 좁은 실선을 표식하여 교통류와 구분하도록 한다. 보도나 보도 일부에 설치되는 주차차로는 StVO 315('보도 주차')를 설치한다. 도로공간에서의 주차와 하역면적 규격은 4.3절을 참고한다.

6.4.3 도로공간 외부의 주차장 시설

6.4.3.1 공공 도로와의 접속

진입과 진출 시에 보행자와 자전거에 주의를 기울여야 한다. 일반적으로 보도횡단으로 설치되어 특별한 통행 우선권을 나타내는 표식을 설치하지 않도록 한다. 보행자와 자전거 통행량이 많고 전반적으로 시인성이 부족한 주차 진출입구의 경우 안내표식, 차선표식 등을 통하여 횡단교통에 우선권을 부여하거나 특별한 경우 루프검지기를 설치하여 주차 차량이 진출입할 경우 보행자와 자전거 심볼이 포함된 황색 점멸등으로 주의를 줄 수 있다. 예를 들어, '문(門) 통과'에서와 같이 시인성이 제한될 경우 보도에 화분 등의 형태로 적절한 '보호시설'을 설치하여 보행자를 주차문으로부터 우회토록 하여 보행자와 진출 승용차 간의 간격을 넓히고 가시거리를 확보한다.

주차시설로의 진입은 제한 높이, 허용 하중과 트레일러 연결 금지 등을 나타내는 표식은 물론 기계적인 높이 제한 시설이 가독성이 좋도록 설치되어야 한다. 지역 사정에 어두운 이용

자를 위하여 주차장의 명칭과 표시를 진입구에 잘 보이도록 설치해야 한다. 진출구는 StVO 267('진입 금지')을 외부에서 볼 수 있도록 한다.

다차로의 진출입구는 교통안전과 교통유도의 명확성 측면에서 개별 주차면의 구분을 위한 평행 표식과 방향 안내를 위한 화살표식을 설치하도록 한다. 다수의 진출차로가 설치될 경우 차로별로 목적지를 명기하도록 한다. 차로가 곡선형일 경우 두 개의 실선 또는 유도시설을 설치하도록 한다.

6.4.3.2 차량 유도

지속적으로 이용되는 주차장은 주차면과 주차통로가 안전과 주차규정의 확립을 위하여 최소한 바닥에 표식을 통하여 명확하게 인식되고, 지속적으로 상호 간에 경계되도록 한다. 가끔 이용되는 주차장의 경우 주차규정은 안내표지로 확보되며, 표식은 생략할 수 있다.

주차시설의 최소시설에는 진행방향을 나타내는 안내표식과 진출구 방향표식이 있다. 주차통로, 주차면 배치, 회전, 주차램프와 교통유도 등의 평면계획에 따라 추가적인 주차표식과 유도시설이 필요하다.

협소한 여건과 차량이 저속일 경우 '도로차선표식 지침서'로부터 예외적으로 3.0 m의 화살표식, 차로와 0.75 m 연장 / 0.75 m 간격의 차도경계, 철자, 부호와 1.5 m의 차도 교통표식은 물론 사각선열내 좁은 중간 공간을 갖는 폐쇄 면적 등의 축소된 평행규격의 표식이 추천된다.

진출입 방향은 안내표지, 바닥표식과 벽 표식을 통하여 명확히 안내한다. 주차면 표식은 주차 건물 내에서 원칙적으로 실선으로 표식한다. 벽체 앞의 주차면에서는 벽으로부터 상부로 1.0~1.5 m의 분리선을 설치하여 모서리 주차를 용이하게 할 수 있도록 한다.

차량이 지속적으로 통행하지 않는 지역의 차선은 먼지로 인하여 시인성이 떨어진다. 이 경우 두터운 단추 형태의 표식선을 이용한 차선표식을 하도록 한다. 램프 후방의 늦게 인식되는 차선은 수직 유도시설을 보완하여 진행방향의 선형을 명확히 한다.

대규모 고층 주차 건물의 경우 내부 주차면 상황을 안내하는 동적 주차안내시설을 설치하여 불필요한 주차배회 차량을 줄이도록 한다. 일반적인 화살표를 갖는 (적, 녹색등)의 신호등이 일반적으로 적용된다. 이때 신호등이 '여유/점유'의 의미를 갖는다는 것을 인지토록 해야 한다. 외부 주차안내시스템과 같은 기법이 적용되기도 한다. 신호 심볼이 적시에 운전자에게 인식되도록 하는 것이 중요하다. 내부 주차안내시스템에서 개별 주차면의 점유상황을 검지하는 검지기를 이용할 수도 있다.

6.4.3.3 보행자 유도

대규모나 고층 주차장 또는 주차회전율이 높을 경우 보행자의 안전을 위하여 보도를 설치한다. 보행자와 차량 간에 지속적인 시각 접촉이 이루어지도록 한다.

보행자들은 출구, 계단, 승강기로 단거리 내에 접근토록 해야 한다. 목적지를 표시한 칼라 유도선 또는 StVO 293을 적용한 차선표식('보행자 횡단') 등은 방향안내를 용이하게 한다. 비상구와 비상전화는 건축법에 의하여 설치한다.

보도면적의 폭원은 주차장의 크기에 따라 결정된다. 보도의 최소 폭원은 0.8 m로 한다. 보행자가 교차할 경우 폭원은 최소 1.5 m로 한다. 회전율이 높은 대규모 주차시설에서는 주출구로 최소 2.0 m의 방향별 보도를 설치한다.

주 계단의 계단 폭원은 수하물이 있는 두 명의 보행자가 교차할 수 있도록 한다. 이에 필요한 최소폭원은 1.5 m로 한다. 비 주요 계단의 경우 최소 폭원을 1.0 m로 할 수 있다.

장애인이나 카트가 통행하는 보행램프의 경사는 6%를 초과해서는 안 된다. 긴 램프의 경우 6 m 간격으로 중간 대기공간을 최소 1.5 m(2.5 m) 길이를 확보한다. 중간 대기공간은 배수경사 1.5∼2.0%만을 두도록 한다. 램프의 최소폭원은 1.2 m, 중간대기공간은 1.7 m로 한다. 램프의 횡단경사는 없도록 한다.

안전과 차량통제 측면에서 대규모 주차장 보도의 경우 구조적인 방안을 도입하여 항상 양호하게 인식이 되고, 적절한 목적으로 활용되도록 한다. 주 도로에서 보행 횡단이 불가피할 경우 이 지역에는 조명과 StVO 293('보행 횡단')의 표식을 설치하도록 한다.

대규모 주차장의 경우 주차면을 다시 찾기 쉽도록 방향안내가 보조되어야 한다. 숫자, 기호, 색채나 심볼 등의 조합이나 벽체에 채색을 활용한다.

주차층, 진출입구와 개별 위치 등이 잘 정리되고 표시된 위치도는 주변 또는 도시안내지도와 같이 기본시설에 포함된다. 보행자−유도시스템은 다음과 같은 내용을 포함한다.

- 단면과 층별 표시
- 계단과 승강기 안내
- 목적지별 출구 안내
- 주차면 번호화
- 자동요금징수기와 서비스 시설 방향안내
- (주변 지도 등)의 추후 방향 표지

6.5 이용과 운영에 관한 추가 지침

6.5.1 운영 형태

주차시설의 계획, 시공과 운영은 하나의 주체에 의하여 수행될 수 있다. 또한 다양한 주체가 관여할 수도 있다. 지자체 관련 기관이 수행할 경우 일반적으로 모든 투자비용을 담당한다.

민간운영자의 경우 계약에 의하여 지자체나 민간업자가 운영 주체가 된다. 운영자가 계획단계에서부터 참여하여 운영 시 요구조건 등을 반영하는 것이 바람직하다.

한 도시 내에서 다수의 주차시설을 연계하여 운영하는 사업자가 하나의 주차시설만을 운영하는 것보다 경제적이다. 그러나 어떤 운영 형태가 가장 경제적인지 판단하기는 어렵다.

주차시설의 경제성은 입지, 투자비(안전시설에 대한 비용을 포함한), 재원조달 형태에 따라 결정된다.

6.5.2 고정과 방문주차

주차장의 효율적인 이용은 고정과 고객주차가 동일하게 처리될 때 가능하다. 이는 고정 주차의 경우에도 특정한 주차면을 배정받지 않고 방문주차와 같이 주차면을 선택한다는 것을 의미한다. 이 원칙으로부터 예외는 고객 관점에서 특정 지역의 주차면을 고정주차로 지정할 수도 있다.

고정주차의 경우 오전 시간대에 가장 좋은 주차면을 점유하여 나중에 입차하는 **방문주차**의 경우 멀리 떨어진 주차면을 활용할 수밖에 없게 되어 이동거리가 길게 된다. 이러한 문제는 진입개폐기나 통제시스템을 활용하여 방문 주차객들이 선호하지 않는 주차지역으로 고정주차를 유도함으로써 해결 가능하다.

고정주차의 비율을 얼마나 배정할 것인가에 대한 결정은 운영 개념과 관련이 있다. 방문주차가 우선되어야 하며, 방문 주차수요가 허용하는 범위 내에서 고정주차를 위한 주차면이 제공되어야 한다.

6.5.3 가변 주차공간 확보

주차 목적에 따라 주차이용시간이 다를 경우 시간대별로 가변적인 주차면의 배정이 가능하다. 이는 사전에 협의를 통해 결정되어야 한다. 계획단계에서부터 다중 이용에 관한 필요성이 반영되어야 한다. 예를 들어, 특별한 보행자의 진출입구나 대피와 구조경로 등이 고려되어야 한다.

학교, 기업 등의 주차장이 야간 행사 시나 주말에 행사 이용객에게 제공될 수 있다. 지하주차장의 경우 가변적인 운영이 야간 시간대에 진출입구를 폐쇄함으로써 적절하지 않다.

가변 주차공간 제공의 특수한 형태로 일부 주차지역이나 주차층 전체를 거주자나 고용자를 위하여 제공하는 것도 가능하다.

6.5.4 특수목적 시설

5.6.4.1 Park and Ride 시설

Park and Ride는 역이나 정류장에 설치하여 환승을 위하여 제공되는 주차장이다.

단핵구조의 대도시의 경우 총 개인교통의 약 4% 정도가 Park and Ride를 활용하는 것으로 조사되었다. 그러나 Park and Ride가 도심 교통문제 해결에 있어서 유용한 수단임에 틀림없다.

P＋R은 일반적인 대중교통 이용에 대하여 경쟁관계가 발생하지 않을 때에만 효과적이다. 이 가정은 공간적, 시간적 또는 경제적으로 출발지에서 목적지까지의 통행에 있어서 다음과 같은 이유로 적절한 노선공급이 없어야 한다는 것이다.

- 교통류가 집중되지 않기 때문에(출발지가 광역적으로 분산되었을 경우)
- 목적지역에 충분한 규모의 주차장이 확보되지 않았거나 매력적인 대중교통－접근성이 확보되지 않았을 경우(예를 들어, 일시적으로 활용되는 여가시설이나 행사장)
- 배차간격이 매우 클 경우(예를 들어, 외곽지역의 저녁시간이나 휴일)

이러한 경우 P＋R 공급은 효율적으로 설치되고 교통공급이 제한되는 지역에 대안으로 간주될 수 있다. 이와 반대로 도심에 주차장이 충분히 확보되었을 경우 P＋R 공급은 비효율적이다. P＋R 공급의 규모와 구성은 P＋R 교통을 위한 계획공간의 구조(특별한 중심성을 갖는 단핵구조, 관광객 수요가 많은 곳, 휴양지 등)와 깊은 관련이 있다.

P＋R 공급의 적용 사례는 다음과 같은 4개의 목적에 따라 분류된다.

- 통근교통
- 구매교통
- 여가교통
- 행사교통

이상적인 경우 Park and Ride 시설은 다양한 통행목적을 만족시켜야 한다. 통근교통뿐만 아니라 구매교통을 처리하는 주차장은 공급되는 대중교통-노선의 포화도를 증가시킨다. 구매교통을 위한 P＋R 공급은 중소도시에서 P＋R을 위한 가장 중요한 통행목적이다. 그러나 모든 이용자그룹의 요구사항을 동시에 만족시켜 시간적으로 나중에 발생하는 이용자그룹에게도(일반적으로 구매통행) 주차면을 제공할 수 있어야 한다.

경제적이고, 수요대응과 이용자에게 적합한 P＋R 계획의 전제조건은 지속적 또는 일시적인 공급을 구분하는 것이다.

이에 따라 다음과 같이 구분된다.

- P＋R 시설의 수와 설치기준

- 교통운영을 위한 노력(기존 노선공급 규모의 적정성 또는 P + R 특별노선의 설치)
- 운영회사의 요구조건
- 요금구조의 정립
- 홍보 노력

Park and Ride 시설의 설계와 운영에는 추가적으로 다음과 같은 원칙들을 고려한다.

- 주차장으로의 진입구간과 진출 시 버스와 노면전차의 교통흐름에 장애가 되지 않도록 한다.
- 비어있는 주차면을 쉽게 찾을 수 있도록 주차구획을 단순한 교통흐름에 의하여 주차면을 찾도록 하며, 이때 가급적 일방통행체계로 모든 주차면들이 순차적으로 검색되도록 한다. 적절한 포화도를 유지하며 불필요한 주차배회 시간을 감소하기 위하여 대중교통 노선의 출발정류장에서 가장 가까운 주차면부터 접근하도록 한다.
- 고층 건물 대형 주차장의 경우 다수의 주차통로가 설치되므로 일방통행 규정은 긴 주차 배회거리를 유발하게 된다. 이 경우 주차통로는 양방향으로 하여 짧은 주차거리를 유도하도록 한다.
- 공공교통시설에서 장애인 주차면은 가능한 한 대중교통 정류장이 가장 가까운 곳에 설치하도록 한다. 이 접근로는 **barrier free**로 설치한다(6.5.5절). 나아가 보조표식 StVO 1044-10('휠체어 심볼')을 갖는 StVO 314('주차장')을 설치한다. 심볼 표식이 효율적이다.
- 보행자는 주차층을 가능하게 짧은 거리로 떠나고 각층의 대중교통 정류장에 신속히 접근할 수 있도록 유도되어야 한다. 승용차 주차장소로부터 버스와 역까지의 도보거리는 150 m를 초과해서는 안 된다. 주차 건물에서는 교통안전 측면에서 주차통로의 횡단 또는 연결차로는 물론 긴 통행거리는 가급적 피해야 한다. 주차통로와 보도가 구조적으로 분리가 어려울 경우 보도는 StVO 298('접근금지'), 유색포장과 StVO 239('보행자 전용로') 등을 활용하여 명확히 구분되도록 한다.

승객의 안전을 위하여 주차장과 정류장으로의 접근로는 충분한 조명시설을 갖추도록 한다 (5.5절).

승용차로 정류장으로 직접 접근하거나 pick - up되는 승객을 위하여 승용차를 위한 짧은 정 차공간을 마련한다. 정차면의 수는 해당되는 대중교통 노선의 영향권역과 승객빈도와 관련되며 일반적으로 2~5면 정도를 확보토록 한다.

6.5.4.2 카풀(Car Pool) 주차장

목적지가 다르나 승용차를 같이 이용하는 통근객을 위하여 **카풀 주차장**(Park + Car Pool, P + C)을 고속도로 TG 부근에 설치한다.

카풀의 잠재적인 수요는 업무 시간대에 주차면이 충분히 확보되지 않을 경우이다.

카풀 주차장으로 인하여 교통흐름에 장애가 있어서는 안되며, 무엇보다도 고속도로로 진입하는 차량들이 방향성을 잃어서는 안 된다. 램프 내부지역에 카풀 주차장을 설치하여서는 안된다.

비용절감 측면에서 카풀 주차장 이용차량이 하루에 한 번 주차면을 이용한다는 측면에서 최소한의 주차장 설치기준을 적용할 수 있다. 단순한 포장재질을 활용할 수 있다. 배수도 가능한 한 현장에서 지하로 내려가도록 한다.

6.5.4.3 상업, 여행과 여가시설 등 대형시설의 주차장

쇼핑센터, 전문 대형매장　　쇼핑센터와 전문 대형매장은 판매장소와 직접 연계되는 여유 있는 주차장 확보가 필요하다. 토지의 활용성 측면에서 옥상주차나 주차 건물이 필요하다.

주차 건물 내에서 판매장소와 주차층은 승용차 램프를 카트를 끌고 가지 않도록 해야 한다. 자전거는 별도의 통행로를 확보하여 주차장 진출입봉을 통과하지 않도록 한다.

또한 보행로가 별도로 필요하다. 충분한 규모를 갖는 승강기도 여러 대 필요하다. 카트는 중심부에 접근이 용이하게 제공되어야 한다.

주차통로와 보도는 평탄하고 매끄러운 포장면을 갖도록 해야 한다.

공항, Ferry 선착장, 역　　공항, Ferry 선착장, 역의 주차시설은 다양한 이용자그룹의 다양한 주차요구를 만족해야 한다.

보행목적지에 대한 주차장의 공간적인 배정은 시간과 비례하여 결정된다. 이때 최대 가능한 주차시간과 공항, Ferry 선착장, 역 등의 개별 목적지로부터 주차장 거리간의 관계를 고려한다.

공항, Ferry 선착장, 역에서 승용차의 보관은 일반적으로 고층 주차장에서 이루어진다.

나아가 관광버스, 택시와 Rent car 주차장, 우선주차지역과 운영시설이 필요하다. 우선주차지역에는 요금을 지불해야 하는 단기주차 또는 시간적으로 매우 엄격하게 감시되는 주차장이 설치되어 장기주차 차량이 주차하는 것을 방지토록 한다.

카트 보관소를 설치하여 무질서하게 카트가 방치되는 것을 방지한다.

휴양과 관광지역　　관광지에서의 개인교통수단은 이들 지역에 일반적으로 대중교통 접근성이 낮기 때문에 중요한 역할을 수행한다. 이러한 이유로 효율적인 승용차 통제가 이루어져 관광지에서의 무질서한 차량통행으로 인한 악영향을 방지한다.

주차공간운영이 중요하며 효율적인 수단이다. 관광지 중심부로의 승용차 접근을 방지하기 위하여 외곽에 주차장을 설치하고, 이 주차장으로부터 관광중심지까지 환경친화적인 교통수단으로 환승하도록 한다.

전체 개념 정립에 있어서 소규모와 대규모의 교통개념이 수립되고 검토되어야 한다. 이 개념의 구성은 다음과 같다.

- 광역적, 대규모 Park and Ride 시스템
- 관광지역 주변부 주차장
- 지역적인 Park and Ride 시설
- 주변부 중앙주차장으로의 전환
- 주차안내시스템

Park and Ride 시설의 수요와 규모는 6.5.4.1절과 담당기관과의 협의에 의해 결정된다. 수용성은 매력적인 대중교통시스템(짧은 배차간격과 저렴한 요금체계)에 의해 결정된다.

개별 시설의 이용 집중도와 설치 여건에 따라 포장은 선택적으로 단단한 포장이나 부드러운 포장을 활용한다.

여가시설　대형 극장, 워터파크, 여가시설 또는 다목적홀과 같은 대규모 여가시설에서는 일반적으로 대중교통 접근성이 낮기 때문에 승용차와 관광버스를 위한 충분하며 여유 있는 규격의 주차장이 필요하다. 가용토지가 적을 경우 고층 주차장을 설치한다.

소요 주차면의 수는 방문객 수요, 입지와 대중교통 연계성으로부터 산출한다.

전시장, 경기장　일시적인 행사에서의 주차면적 수요는 행사의 종류와 행사장으로의 교통연계성에 따라 결정된다.

소요 주차면의 수는 매우 다양하다. 일반적으로 일반인을 대상으로 한 전시장은 전문전시장보다 교통집중도가 높다.

전시장은 모든 접근로로부터 주차장 접근이 가능하도록 주차장을 배치한다. 동적 주차안내시스템에 의한 효율적이며 사전에 여유 있는 주차장으로 안내하며, 개별 주차장을 색채 등 단순하게 표현하는 것이 효율적이다. 교통이 집중되는 첨두시간대에는 사전 교통안내를 통해 교통을 분산시키는 것이 바람직하다. 주차요금의 징수는 가급적 주차면 현장에서 이루어지도록 하여 진입구와 주변도로의 교통장애를 방지토록 한다(6.3.1절). 진출입구에서 교통량이 반복적으로 집중될 경우 운영을 위한 진출입징수시설, 램프와 주차통로를 차량 진행방향을 변환하여 운영할 수 있다.

진입 교통량이 특정 시간에 집중되는 특성을 감안하여 단순하면서도 이해하기 쉽도록 주차장으로의 연계시스템이 필요하다. 70~80 gon 정도의 각 주차 형태의 일방통행체계가 가장 효율적인 것으로 분석되었다. 주차면을 신속히 채우며 점유율이 높은 특성을 감안하여 주차면 폭원은 2.75 m까지 확대하여 한다.

6.5.4.4 Bike and Ride 시설

주륜장　자전거교통 영향권역이 큰 대중교통 정류장에는 **Bike and Ride**를 활성화하기 위해 주륜장을 설치한다. 가급적 정류장 입구 가까운 곳에 설치하며 수요에 따라 자전거 박스를 설치토록 한다(4.4.4.2절). 시설은 지붕을 설치하고 자전거 핸들 고정기로 도난에 방지해야 한다.

자전거 스테이션　자전거 스테이션은 통근통행이 많은 교통요충지에 설치하여 자전거와 대중교통간의 연계를 위한 서비스 중점 장소이다.

　자전거 스테이션의 주요 구성원은 고정된 건물 내에서 감독 하에 있는 주륜시설이다. 보관은 요금을 지불해야 한다.

　자전거 스테이션에는 자전거 수리, 부속 판매, 자전거 판매, 자전거 임대 등 다양한 서비스를 제공할 수 있다. 이외에도 자전거 배달, 관광정보 제공, 수하물 보관 등의 서비스도 제공 가능하다.

6.5.5 특별 목적의 주차면

장애인 주차면　DIN 18024-2에 따라 주차시설에는 승용차 주차면의 최소 1%, DIN 18025에 따라 최소 2면의 휠체어 장애인 주차면을 확보해야 한다.

　장애인 주차면으로부터 모든 접근로는 barrier-free로 설계되어야 한다. 모든 시설 역시 장애인을 고려하여 접근 가능하여야 한다.

　주차 건물의 장애인 주차면수의 수요는 DIN 18024에 의하여 산출한다. 장애인이 주차 건물로 진입하기 이전에 장애인 주차면의 점유여부를 사전에 안내토록 한다.

여성 전용 주차장　여성 전용 주차장은 주차요원의 가시거리 내 또는 CCTV로 관찰이 가능토록 배치한다.

가족 주차장　유모차 이용을 위하여 승용차의 측면과 후면에 충분한 공간을 확보한다. 이들 주차면은 가족 주차면으로 특별한 심볼로 제공한다.

전기자동차 주차장　이러한 주차장은 주차장 입구에 배치하며 전기충전기를 갖추도록 한다. 전기자동차는 일반적으로 작으므로 기존에 잔여면적을 활용한다.

캠핑카 주차장　캠핑카 주차장은 휴가지나 관광지에 설치한다. 관광 중요성이 낮은 도시지역의 경우 수영장, 경기장, 전시장 등에 캠핑카 주차장을 설치한다. 캠핑카 주차장의 활용을 안내하는 안내표지판이 주변 지역에 설치된다.

　캠핑카 주차면은 높이와 폭을 확대한다. 제원은 부록 D를 참고로 한다.

　캠핑카 주차장은 평행 주차보다는 각 주차 또는 직각 주차를 우선한다. 주차과정 없이 쉽게 주차할 수 있어야 하며, 물, 전기 등의 공급시설이 설치되어야 한다.

트레일러를 장착한 승용차 주차장　　트레일러를 장착한 승용차 주차면의 규격이 크므로 일반적으로 이들을 위하여 주차면을 확보하는 것은 비현실적이다. 또한 모든 징수시스템에서 이들 차량은 고려되지 않고 있다. 개별적인 경우에 주차수요가 적은 주차장 구성의 주차통로에 배치할 수 있다.

소형전용 주차장　　소형자동차는 잔여면적에 주차면을 확보할 수 있거나 평행 주차를 나누어서 주차할 수 있다. 소형차량에 대하여 주차요금을 감면하여 이용률을 높일 수 있다.

부 록

A. 목적지별 주차수요 원단위

A.1 승용차 – 주차 원단위

표 A.1 승용차-주차수요 원단위

교통 유발원	필요 주차면수
주택	
단독 – 2가구 타운하우스	주택 1~2당 1개
임대 다가구 주택	주택 0.7~1.5당 1개
재래식 주택	주택 0.2~0.5당 1개
주말용, 전원주택	주택당 1개
어린이집	침대 10~20당 1개, 최소 2개
대학 기숙사	침대 2~5당 1개, 최소 2개
간호원 기숙사	침대 2~6당 1개, 최소 3개
고용자 기숙사	침대 2~5당 1개, 최소 3개
양로원	침대 8~15당 1개, 최소 3개
사무실, 관리, 의원	
일반적인 사무실, 관리, 의원	이용면적 30~40 m^2당 1개
학생, 고객, 환자가 특히 많은	이용면적 20~40 m^2당 1개, 최소 3개
판매	
창고	판매면적 30~40 m^2당 1개, 최소 1개
고객이 적은 상업시설	판매면적 50 m^2당 1개
CBD 외부의 대형 쇼핑센터	판매면적 10~20 m^2당 1개
집객시설(경기장 제외), 교회	
극장, 콘서트홀이 갖는 특수목적 집객시설	좌석 5당 1개
극장, 학교강당, 세미나	좌석 5~10당 1개
지역교회	좌석 20~30당 1개
중요한 교회	좌석 10~20당 1개
스포츠 – 여가시설	
방문객 없는 스포츠시설	스포츠면적 250~300 m^2당 1개
방문객 있는 스포츠시설	스포츠면적 250~400 m^2당 1개, 추가적으로 방문객 좌석 10~15당 1개
방문객 없는 실내경기장	스포츠면적 50~100 m^2당 1개

(계속)

교통 유발원	필요 주차면수
스포츠-여가시설	
방문객 있는 실내경기장	스포츠면적 50~80 m²당 1개, 추가적으로 방문객 좌석 10~15당 1개
야외 수영장	대지면적 200~300 m²당 1개
고객주차장 없는 실내수영장	옷장 5~10당 1개
고객주차장 있는 실내수영장	옷장 5~10당 1개, 추가적으로 방문객 좌석 10~15당 1개
고객주차장 없는 테니스장	코트 4당 2개
교통 유발원	필요 주차면 수
스포츠와 레저시설	
방문객 있는 테니스장	코트당 4개, 추가적으로 방문객 10~15당 1개
미니골프장	미니골프당 1개
볼링장	레인당 2~4개
보트장	접안 2~5당 1개
숙박시설	
디스코텍 같은 주요 집객시설	좌석 4~8당 1개
지역적 중요한 주요 집객시설	좌석 8~12당 1개
호텔, 팬션, 유양지	침대 2~6당 1개
청소년 수련원	침대 10당 1개
병원	
대학병원	침대 2~3당 1개
중요한 병원 및 의원	침대 3~4당 1개
지역적 중요한 병원	침대 4~6당 1개
장기 요양소	침대 2~5당 1개
노인 요양소	침대 6~10당 1개
청소년 교육시설	
초등학교	학생 25~30당 1개
일반학교, 직업학교	학생 25당 1개, 추가적으로 18세 이상 학생 5~10당 1개
장애인학교	학생 15~30당 1개
대학교	대학생 2~6당 1개
유치원	어린이 20~30당 1개, 최소 2개
청소년 여가시설	방문객좌석 10~20당 1개
상업시설	
수공업과 상업	이용면적 50~70 m²당 1개 또는 고객 3당 1개
하역, 전시장, 판매장	이용면적 80~100 m²당 1개 또는 고객 3당 1개

(계속)

교통 유발원	필요 주차면수
상업시설	
자동차 수리점	수리장 6당 4개
주유소	케어면 4당 2개
자동 세차장	세차면 4당 2개
셀프 세차장	세차면당 3개
기타	
소 정원	소 정원 3당 1개
묘지	대지면적 2,000 m^2당 10개
오락실, PC방	오락실면적 20 m^2당 1개, 컴퓨터 당 1개

A.2 자전거-주륜수요 원단위

표 A.2 자전거-주륜장 지침값

이용자그룹	이용 형태	주륜장 소요면수
거주자	일반 주택	전체 주거면적 30 m^2당 1개
	유치원	침대당 1개
	대학 기숙사	침대당 1개
	간호원 기숙사	침대당 0.7개
	출장 숙박원	침대당 0.3개
	양로원	전체 주거면적 20 m^2당 0.2개
	노숙자 기숙사	침대당 0.5개
종업원	사무실, 공장, 상업 등 일반적 목적	직당당 0.3개
연수생, 대학생과 학생	유치원	유치원 정원당 0.07개
	초등학생	연수생 정원당 0.3개
	학생	연수생 정원당 0.7개
	장애인학교	연수생 정원당 0.1개
	직업학교	연수생 정원당 0.2개
	도서관	주요면적 40 m^2당 1개
	대학연구소	주요면적 80 m^2당 1개
	대학강의실과 세미나실	좌석당 0.7개
	대학강의실	좌석당 0.7개
	운전학원	강의실당 6개

(계속)

이용자그룹	이용 형태	주륜장 소요면수
연수생, 대학생과 학생	청소년 휴양시설	수용인원당 0.5개
	시민대학과 성인대상 학원	연수생당 0.5개
	특별한 성인 대학원	연수생당 1개
고객	매일 수요가 발생하는 상점	판매면적 25 m^2당 1개, 최소 3개
	전문 상점	판매면적 50 m^2당 1개, 최소 2개
	지역 중요 쇼핑센터	판매면적 40 m^2당 1개, 최소 2개
	대형 쇼핑센터	판매면적 55 m^2당 1개
	판매 전시회	판매면적 55 m^2당 1개
	주말 시장	시장판매면당 2개
	계절별 수요 창고형 판매시설	판매면적 35 m^2당 1개
	사무실과 서비스업, 의원	판매면적 70 m^2당 1개, 최소 4개
	별도 건물의 회사식당	식당좌석당 0.2개
	대학교 식당	좌석당 0.3개
방문객과 손님	경기장, 실내경기장	옷걸이당 0.5개
	테니스장	코트당 1개
	야외수영장	대지면적 10 m^2당 1개
방문객과 손님	실내수영장	옷장당 0.25개
	스포츠, 헬스클럽, 사우나	옷장당 0.3개
	기타 실내스포츠 시설	스포츠면적 60 m^2당 1개
	기타 실외스포츠 시설	스포츠면적 500 m^2당 1개
	매우 중요한 집객시설 (경기장, 극장, 콘서트하우스)	방문객 50당 1개
	기타 집객시설	방문객 4당 1개
	박물관	전시면적 400 m^2당 1개
	동물원	대지면적 2,000 m^2당 1개, 최소 입구당 5개
	자전거 없는 녹지공간	대지면적 3,000 m^2당 1개, 최소 입구당 5개
	도심 식당	좌석 15당 1개
	대학생 선술집	좌석 3당 1개
	청소년 행락지	좌석 4당 1개
	Beer Garden	좌석 4당 1개
	시외부 식당	좌석 10당 1개
	자전거 이용이 많은 호텔/여관	침대 4당 1개
	기타 호텔/여관	침대 20당 1개

(계속)

이용자그룹	이용 형태	주륜장 소요면수
방문객과 손님	자전거 이용이 많은 청소년 숙박시설	침대 2당 1개
	기타 청소년 숙박시설	침대 15당 1개
	주말농장, 전원주택	전체주거면적 20 m²당 1개
	캠핑장	대지면적 600 m²당 1개
	비상설 위락시설	총 이용면적 60 m²당 1개
	시장, 박람회	대지면적 100 m²당 1개
	일반 주택	전체주거면적 200 m²당 1개
	기숙사	침대 4당 1개
	병원	침대 10당 1개

B. 거주자 전용 주차

B.1 법적 근거

거주자 전용 주차는 법적으로 도로교통 규정(StVO)의 도로교통법 지침($ 6장. 14절 StVG)과 도로교통-규정에 대한 일반관리지침(VwV-StVO)에 의하여 규정된다.

"도로교통관리기관은 … 주차공급에 큰 문제가 있는 도시지역 거주자를 위하여 주차면을 하루 종일 또는 시간적으로 제한된 주차 점유권을 허용하거나 또는 규정된 주차장 운영방안을 통하여 주차면을 우선적으로 제공토록 한다($ 45장. 1b 2a호 StVO). 따라서 법적으로 대도시에서 거주자를 위하여 주차우선권을 허용하는 것이다."

VwV-StVO $45에 따라 거주자 전용 주차에 필요한 요구조건을 분석한다. 다음과 같은 경우에만 허용된다.

• 부족한 개인 주차장과 지역에 거주하지 않은 통근 승용차 또는 방문객에 의한 높은 주차 수요로 거주자들의 주차시설 부족현상이 심각하여 적절한 규정을 통하여 보완이 요구될 경우

• 지역 내에서 자신의 거주지로부터 통상적인 도보거리 내에 차량을 위한 주차장을 찾기 어려울 경우

행정주체는 거주자를 주민등록 신고가 되어 있으며 실제로 거주하는 사람으로 정의한다. 모든 거주자는 단지 하나의 주차증을 자신의 명의로 등록되거나 장시간 사용하는 차량으로

인정된 경우에 대하여 발급받는다.

거주자 전용 주차는 적용 원리에 다양하게 구분된다(그림 B.1). **분리원리 - 개략**은 주차허가 증이 있는 거주자는 '24시간' 주차 우선권을 갖는다. 이는 면적이 작은 지역에만 적용이 가능하다. **분리원칙 - 세밀**은 거주자 주차면은 24시간 그리고 이외 주차면은 지역 내 모든 도로에서 단기주차는 주간 시간대에 제공된다. **혼합원리**는 도로공간의 주차면은 거주자는 물론(주차비 무료, 주차시간 무제한) 단기주차(일반적으로 주차료 지불과 주차시간 제한) 모두에게 제공된다. 대안으로 **전환원리**가 적용되기도 한다. 거주자의 주차우선권은 특정 시간대, 예를 들어 저녁, 야간과 아침에 국한된다. 이 시간대 이외에는 정차금지 또는 주차요금이 모두에게 징수된다.

평일 9 : 00~18 : 00까지는 주차공간의 최대 50%까지 거주자 전용 주차로 예약이 되며, 기타 시간대에는 75% 미만으로 주차면이 확보되도록 한다. 혼합원리일 경우 확보되어야 할 주차면에 대한 기준은 적용되지 않는다.

거주자 전용 주차의 도로 표지판 설치에는 StVO에 두 가지 대안이 제시되었으며, 이 중 286 StVO와 보조 표지판이 선호된다(C.7.1).

B.2 목적

거주자 전용 주차를 통해 다음과 같은 이유로 주거 환경이 개선된다.

- 지역을 방문하는 주차배회 차량이 감소됨
- 야간시간까지 종종 발생하는 주차와 관련된 소란들이 감소됨
- 방문객들이 대중교통수단으로 전환됨
- 자체 주차면을 확보하지 못하는 지역 내 거주자에게 주거지 인근에 주차장을 제공함

일반적으로 거주자 전용 주차는 도시에서 광역적인 주차운영정책으로 도입되어 거주자들이 주차비용을 부담하지 않고 주차시간에 제한을 받지 않도록 한다. 거주자 전용 주차는 새로운 주차면을 추가로 확보하는 것이 아닌 거주지 인근에 주차 가능성을 거주자들에게 제공하는 것이다.

거주자 전용 주차와 관련하여 기대감이 높기 때문에 계획과 정책결정 단계에 있어서 당사자 들이 함께 참여하여 문제, 목적과 수행절차 등을 논의해야 한다.

B.3 대상지역

도심중심지역　　도시 기능을 갖는 도심중심지역의 주요 수요그룹은 고객, 방문객, 서비스,

배달 등이다. 주차규정에 의하여 혜택을 받는 거주자 그룹은 소수이며, 특히 대도시인 경우 더욱 그렇다.

도심중심 지역인근 부도심의 주거용와 혼합용도 토지이용지역　　도심중심 지역인근 부도심의 주거와 혼합용도 토지이용지역에서 거주자, 고용자, 도심지역의 거주자, 고객, 방문객 등은 부족한 주차공간을 갖고 경쟁한다.

교통발생량이 많은 인근 주거지역　　대규모 회사, 행사장, 관청, 대학교, 병원 등의 인근에 있는 주거지역에서 거주자들은 주차면을 갖고 다른 수요그룹과 경쟁을 벌이게 된다. 이러한 경우 이들 건물에 충분한 주차장이 확보되어 있음에도 불구하고 짧은 도보거리와 무료 주차로 인하여 거주지의 주차장을 찾게 되는 경우가 많다.

그러나 이러한 지역의 구분과 아울러 개별 지역의 지역적인 여건 등을 고려해야 한다. 특히 대중교통의 연계성, 이용 다양성의 집중도, 인접 지역으로의 침투영향과 시간대별 경쟁하는 수요특성 등을 고려해야 한다.

B.4 우선권 부여 계층

주차 우선권은 대상지역 내에 주민등록이 되어 있고, 실질적으로 거주하는 사람들을 대상으로 한다. 회사운영자, 방문객 또는 호텔 이용객 등과 같은 다른 이용자그룹들에게도 주차 우선권을 부여할 수 있다. 서비스 또는 지불의무 또는 주차시간의 제한을 가하며 이들 이용자에게 예외 규정을 적용할 수 있다.

B.5 대상지역의 규모와 경계

거주자 전용주차 지역의 크기는 우선권이 없는 수요그룹이 우선권 적용 대상지역이 아닌 인접지역으로 침투하여 그 지역의 주차상황을 어렵게 하지 않을 정도로 결정되어야 한다.

거주자 주차 적용지역 내에는 다수의 인접한 도로가 포함되어 도로별로 차이가 나는 우선권을 갖는 주차수요들이 서로 보정되도록 한다. 공간적으로 최대 1,000 m(직경 기준)를 초과하지 않도록 한다. 이 규모를 초과할 경우 구역을 세분화하도록 한다. 이를 통해 거주자 주차가 국한된 구역에 제한되어 주차 우선권 차량으로 인한 내부통행량을 감소시킨다.

추후에 대상권역이 약간씩 확장될 수 있도록 결정한다.

거주자 전용주차 권역 경계는 하천, 녹지대, 보행자전용지구, 철도 또는 주간선도로 등을 기준으로 하는 것이 바람직하다. 또한 권역경계에서 도로 양측에 주차가 가능토록 한다. 권역 설정에 있어서 유사한 권역별로 유사한 구조를 갖도록 하여 권역 내 구획별로 주차 특성이 너무 상이하지 않도록 한다.

B.6 사전 작업

거주자 전용 주차는 주차공간 공급, 시간대별 이용 형태와 접근성 등에 대한 사전에 면밀한 검토를 통하여 실현된다. 교통계획적인 측면 이외에 당사자들, 특히 '긍정적' 당사자와 '부정적' 당사자들에 심층면접이 사전에 면밀히 진행되어 이해관계를 조정토록 한다.

주차공간 개념 정립 또는 주차부족 현황 파악을 위해서 도로에서의 조사뿐만 아니라 조사지역 내 차량등록 현황도 파악하도록 한다.

주차공간계획과 공급규모 결정에 있어서 다음과 같은 사항들이 사전에 준비된다.

- 목표 설정
- 주차관련 사회경제지표 분석(인구, 등록차량, 고용자, 회사 등)
- 이용 형태 분류(도로공간과 지상층 이용)
- 공공과 민영 주차장별 공급 현황 분석
- 1일 1시간 단위 주차점유 분석 또는 최소한 주요 시간대 대상
- 주차공간 수요 산출(특히 거주자 대상)
- 이용자그룹, 주차장소와 시간대별 주차 수급 비교
- 가장 효율적인 도로 또는 구획별 주차개념 정립

주차면별 번호판 조사는 점유와 주차시간 자료를 산출한다. 이외에 시간대별 이용자그룹의 파악과 구분이 등록 차량번호판 자료와의 비교를 통하여 가능하다. 또한 대상지역 이외에 이용자그룹의 시간대별 주차 특성을 파악할 수 있다.

주차운영 개념은 담당부서, 주민, 이해 당사자와 함께 지역정책과 조율을 해야 한다. 실현계획은 지역매체와 정보소식지 등을 통하여 충분히 홍보되어야 한다.

B.7 실현

B.7.1 표지판

$45 StVO에 의한 거주자 전용 주차는 다음과 같이 표식된다(그림 C.1).

- 286 StVO와 보조표식 1020-32 '주차증 …번 주차'(부정적-표식)
- 314 또는 315 StVO와 보조표식 1044-30 '주차증 소유 거주자 번호…'(긍정적-표식)

우선권이 없는 이용자를 위하여 주차증, 주차시계 또는 주차자동요금 징수 등을 통하여 주차공간을 제공할 수 있다(그림 B.1).

차로변의 평행 주차 방식일 경우 부정적-표식이, 배송 등과 같은 단기 정차를 가능하게 하여 더욱 효과적이다. 긍정적-표식은 주차장과 차로변의 각 주차 또는 직각 주차에서 바람직

분리 원리 - 개략			
표지	Nr.	이용	
P / Bewohner mit Parkausweis Nr. IIIIIIII	314	거주자	0 – 24 h
		장기 방문자	–
		단기 방문자	–
	1044 – 30	배송	–
(no parking sign) / Bewohner mit Parkausweis Nr. IIIIIIII frei	286	거주자	0 – 24 h
		장기 방문자	–
		단기 방문자	–
	1020 – 32	배송	0 – 24 h

분리 원리 - 개략				
표지	Nr.	표지	Nr.	이용
P / Bewohner mit Parkausweis Nr. / mit Parkschein 9-18h	314			거주자	0 – 24 h
	1044 – 30	alternativ		장기 방문자	–
	1052 – 33/ 1040 – 30	🅟 2 Std.	1040 – 32/ 1040 – 30	단기 방문자	9 – 18 h
				배송	–

분리 원리 - 개략			
표지	Nr.	이용	
P / mit Parkschein / Bewohner mit Parkausweis frei 18-9h	314	거주자	18 – 9 h frei 9 – 18 h Park -schein
	2063 – 33	장기 방문자	Endebis Beginn Bedien- pflicht
	1044 – 30/ 1040 – 30	단기 방문자	
		배송	–
(no parking sign) / Bewohner mit Parkausweis Nr. frei 18-9h	286	거주자	18 – 9 h
		장기 방문자	
		단기 방문자	–
	1020 – 32	배송	0 – 24 h

복합 원리				
표지	Nr.	표지	Nr.	이용
P / mit Parkschein / Bewohner mit Parkausweis Nr. IIIIIIII	314			거주자	0 – 24 h
	1052 – 33	alternativ		장기 방문자	Ende bis Beginn Bedien- pflicht
	1044 – 30	🅟 2 Std.	1040 – 32	단기 방문자	0 – 24 h
				배송	–

복합 원리(줄)				
표지	Nr.	표지	Nr.	이용
(no parking sign) ZONE / mit Zusatztext Bewohner- "Parkzone..."	290 (Beginn)	zusätzlich straßenab- schnittsweise		거주자	0 – 24 h
				장기 방문자	Ende bis Beginn Bedien- pflicht
(no parking ZONE end sign)	292 (Ende)	P / mit Parkschein	314	단기 방문자	0 – 24 h
			1052 – 33	배송	0 – 24 h

그림 B.1 거주자 전용 주차 표지판 예시

하다. 거주자 주차를 위해 시간대별로 변하거나 종일 주차가 가능할 경우 무료 주차나 주차시간 제한 등에 관한 표식을 하므로 긍정적-표식이 바람직하다.

290/292 StVO('제한된 정차금지')의 정차금지 지역에서 구획표식에 거주자 주차영역을 표시하도록 한다. 이로서 구간별 보조표식 1020-32('주차증 번호… 주차가능')의 반복을 피할 수 있다. 정차금지 구획 내 주차면들이 구간별로 314 또는 315 StVO와 보조표식 1052-33('주차증')으로 표식되었을 경우 거주자 우선주차들은 주차요금과 주차시간에 제한을 받지 않는다.

지역 사정에 어두운 이용자들이 주차요금을 지불하고 제한된 시간이나마 주차할 수 있도록 자동주차요금기를 충분한 규모로 적절한 위치에 설치하도록 한다(2.3.4절).

B.7.2 주차증

우선권을 부여받은 거주자는 자신의 등록된 차량에 대한 주차증을 부여받고, 차량에서 외부로 명확하게 보이도록 부착한다(전면 유리 후면).

주차증의 형태와 내용은 연방교통부에서 통일적으로 제시되었다. 수록된 내용은 허가기관, 주차증 번호이다. 명확한 구획별 배정과 불법 이용을 억제하기 위하여 구획표시('주차영역…' 또는 '주차존…'), 차량등록번호와 전용주차증의 유효기간 등을 기재한다.

우선주차 권리를 확보한 대상 중 약 90% 정도가 주차증을 발급받는 것으로 가정한다. 주차면 당 평균 1.6대 차량이 초과하지 않도록 한다.

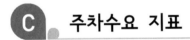 **주차수요 지표**

C.1 토지용도별 1일 목적교통량

표 C.1 토지용도별 1일 목적교통량

토지용도	이용자 그룹	1일 목적교통량
인구 40만 미만의 CBD 중심지역	거주자 종사자 방문객	0.53대 – 통행/(거주자·일) 0.59대 – 통행/(종사자·일) 0.16대 – 통행/(방문객·일)
부도심의 중심지역	거주자 종사자 방문객	0.52대 – 통행/(거주자·일) 0.70대 – 통행/(종사자·일) 0.21대 – 통행/(방문객·일)
구도심의 주변지역	거주자 종사자 방문객	0.49대 – 통행/(거주자·일) 0.64대 – 통행/(종사자·일) 0.19대 – 통행/(방문객·일)

C.2 1일 시간대별 주차수요 분포

표 C.2 인구 40만 이상의 CBD 중심지역의 시간대별 주차수요 분포

지표 \ 시간대	1:00	2:00	3:00	4:00	5:00	6:00	7:00	8:00	9:00	10:00	11:00	12:00	13:00	14:00	15:00	16:00	17:00	18:00	19:00	20:00	21:00	22:00	23:00	24:00
거주자																								
주차 유입 교통 (1일 유출 교통량 중 비율 %)	1.1	1.1	0.3	0.4	1.5	3.2	2.0	1.9	2.0	2.1	1.9	2.1	1.4	1.7	2.7	2.2	7.2	9.2	11.6	15.0	9.1	9.3	6.1	5.0
주차 유출 교통 (1일 유출 교통량 중 비율 %)	4.6	7.7	0.7	1.0	4.1	8.9	9.6	11.2	11.6	3.1	3.5	1.7	1.8	2.1	1.3	1.5	1.5	4.4	4.4	4.8	4.1	3.5	5.6	3.2
주차점유 (1일 유출 교통량 중 비율 %)	60	59	59	58	56	50	42	33	23	22	21	21	21	20	22	22	28	33	40	50	55	61	62	63
단기 주차 (주차 점유 %)	1	2	1	1	8	18	21	19	16	13	15	17	20	18	17	16	15	17	17	12	9	7	4	0
고용자																								
주차 유입 교통 (1일 유출 교통량 중 비율 %)	0.1	0.1	0	0.1	0.8	4.6	4.7	8.5	7.3	5.9	6.8	7.3	5.8	6.5	5.7	5.6	6.7	6.7	5.7	5.4	2.6	1.7	0.9	0.4
주차 유출 교통 (1일 유출 교통량 중 비율 %)	0.4	0.2	0.1	0.1	0.4	1.4	1.6	4.1	5.4	4.3	5.4	5.1	5.0	7.0	6.5	9.2	8.0	7.3	6.7	7.6	4.3	4.6	3.5	1.9
주차점유 (1일 유출 교통량 중 비율 %)	5	5	5	5	5	9	12	16	18	20	21	23	24	24	23	19	18	17	16	14	12	10	7	5
단기주차 (주차 점유 %)	0	0	0	0	1	4	14	18	21	20	17	15	15	15	15	16	16	18	17	11	10	10	5	0
판매시설																								
주차 유입 교통 (1일 유출 교통량 중 비율 %)	0	0	0	0	0.1	1.4	1.6	4.3	5.9	6.1	6.7	7.0	7.1	8.1	7.6	6.9	7.7	8.0	7.0	6.5	3.7	3.0	1.0	0
주차 유출 교통 (1일 유출 교통량 중 비율 %)	0	0	0	0	0	0.1	0.5	1.6	3.6	5.3	6.2	6.0	6.3	8.6	7.6	7.3	7.5	7.3	7.4	7.6	4.7	4.8	4.8	2.8
주차점유 (1일 유출 교통량 중 비율 %)	0	0	0	0	0	1	3	5	7	8	9	10	11	10	10	10	10	11	10	9	8	7	3	0
단기주차 (주차 점유 %)	0	0	0	0	0	0	20	36	47	58	66	71	71	71	67	67	67	64	58	47	45	42	37	0

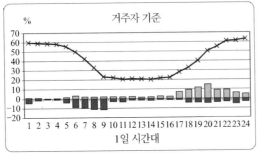

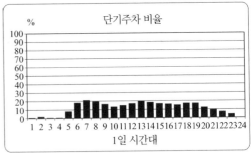

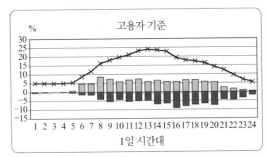

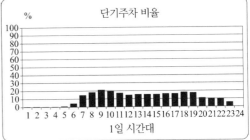

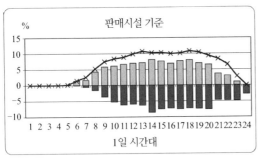

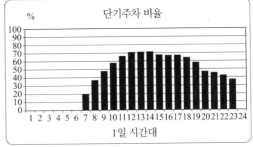

▯ 유입 교통(%) 일 발생교통량
▮ 유출 교통(%) 일 발생교통량
✳ 주차공간 점유(%) 일 발생교통량
▮ 단기주차(%) 주차공간 점유

그림 C.1 인구 40만 이상의 CBD 중심지역의 시간대별 주차수요 분포도

표 C.3 인구 40만 미만의 CBD 중심지역의 시간대별 주차수요 분포

시간대 지표	1:00	2:00	3:00	4:00	5:00	6:00	7:00	8:00	9:00	10:00	11:00	12:00	13:00	14:00	15:00	16:00	17:00	18:00	19:00	20:00	21:00	22:00	23:00	24:00
거주자																								
주차 유입 교통 (1일 유출 교통량 중 비율 %)	0.9	0.7	0	0.2	1.7	4.2	4.6	2.8	2.9	2.7	2.8	3.2	3.0	3.3	5.1	7.2	10	11.3	10.6	10.5	7.1	3.0	1.7	0.7
주차 유출 교통 (1일 유출 교통량 중 비율 %)	0.8	0.3	0.2	0.6	3.9	6.7	12.7	11.1	5.6	4.6	4.2	2.5	2.9	3.0	2.7	3.0	2.9	6.3	6.9	6.9	4.2	4.1	2.2	1.6
주차점유 (1일 유출 교통량 중 비율 %)	52	52	52	52	50	47	39	31	28	26	25	25	25	26	28	32	39	44	48	52	54	53	53	52
단기주차 (주차 점유 %)	0	0	0	0	3	11	15	16	13	10	11	10	10	10	9	10	12	13	8	5	3	2	0
고용자																								
주차 유입 교통 (1일 유출 교통량 중 비율 %)	0	0	0	0.1	1.3	6.1	9.0	10.1	9.0	7.6	7.0	7.1	5.9	7.0	5.9	4.7	5.6	5.2	3.8	2.6	1.3	0.4	0.2	0
주차 유출 교통 (1일 유출 교통량 중 비율 %)	0	0	0	0	0.2	0.5	2.5	3.8	6.0	6.2	7.0	5.6	6.3	8.0	8.4	9.1	7.7	8.5	6.0	5.7	3.5	3.1	1.2	0.6
주차점유 (1일 유출 교통량 중 비율 %)	3	3	3	3	4	9	16	22	25	27	27	28	28	27	24	20	18	15	12	9	7	4	3	3
단기주차 (주차 점유 %)	0	0	0	0	2	9	20	22	24	21	19	16	15	17	20	23	26	30	26	24	20	14	4	0
판매시설																								
주차 유입 교통 (1일 유출 교통량 중 비율 %)	0	0	0	0	0.1	0.6	1.3	4.2	7.8	8.7	8.2	8.5	7.6	9.1	9.6	8.4	7.2	6.4	4.9	3.9	2.1	1.0	0.5	0
주차 유출 교통 (1일 유출 교통량 중 비율 %)	0	0	0	0	0	0	0.4	0.6	3.5	7.2	8.0	8.0	8.1	8.4	8.2	9.5	9.2	7.0	6.2	5.9	3.8	3.3	1.9	0.8
주차점유 (1일 유출 교통량 중 비율 %)	0	0	0	0	0	1	2	5	9	11	11	11	11	12	13	12	10	9	8	6	4	2	1	0
단기주차 (주차 점유 %)	0	0	0	0	0	0	20	25	53	67	67	71	74	75	78	78	75	68	57	51	44	36	31	0

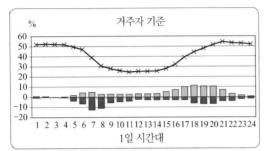

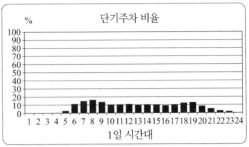

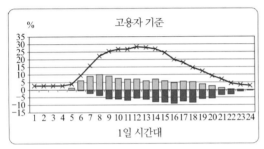

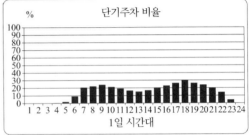

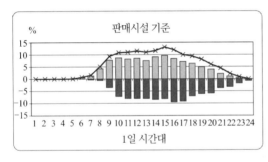

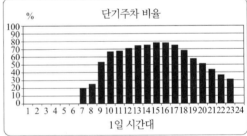

▉ 유입 교통(%) 일 발생교통량
▉ 유출 교통(%) 일 발생교통량
✕ 주차공간 점유(%) 일 발생교통량
▉ 단기주차(%) 주차공간 점유

그림 C.2 인구 40만 미만의 CBD 중심지역의 시간대별 주차수요 분포도

표 C.4 부도심 중심지역의 시간대별 주차수요 분포

지표＼시간대	1:00	2:00	3:00	4:00	5:00	6:00	7:00	8:00	9:00	10:00	11:00	12:00	13:00	14:00	15:00	16:00	17:00	18:00	19:00	20:00	21:00	22:00	23:00	24:00
거주자																								
주차 유입 교통 (1일 유출 교통량 중 비율 %)	1.3	0.7	0	0.7	1.2	2.9	3.8	3.7	3.0	2.9	3.1	3.3	2.8	2.6	4.4	4.9	8.5	9.2	10.4	11.5	7.8	6.3	3.6	1.5
주차 유출 교통 (1일 유출 교통량 중 비율 %)	1.2	1.7	0.2	0.5	1.6	5.6	7.4	9.9	5.4	4.7	3.5	3.7	3.0	3.5	3.3	3.4	3.7	7.5	7.8	6.3	4.2	4.7	4.1	3.1
주차점유 (1일 유출 교통량 중 비율 %)	40	39	39	39	39	36	32	26	24	22	22	21	21	20	21	23	27	29	32	37	41	42	42	40
단기주차 (주차 점유 %)	0	0	0	1	3	8	12	13	13	10	11	10	9	10	11	10	12	15	14	10	7	4	3	0
고용자																								
주차 유입 교통 (1일 유출 교통량 중 비율 %)	0.1	0	0	0.1	0.8	4.8	8.6	12.7	9.7	8.2	7.0	7.3	6.5	5.8	5.4	5.0	4.3	4.8	3.5	2.8	1.4	0.7	0.4	0.1
주차 유출 교통 (1일 유출 교통량 중 비율 %)	0.1	0.1	0	0	0.1	0.4	1.2	2.6	5.2	5.9	6.4	7.1	7.2	7.5	9.1	9.7	9.3	8.7	6.4	4.1	3.4	2.8	1.6	1.1
주차점유 (1일 유출 교통량 중 비율 %)	2	2	2	2	3	7	14	24	29	31	32	32	31	30	26	21	16	12	9	8	6	4	3	2
단기주차 (주차 점유 %)	0	0	0	1	2	7	15	20	22	21	19	13	11	12	16	19	22	25	27	26	26	17	9	0
판매시설																								
주차 유입 교통 (1일 유출 교통량 중 비율 %)	0	0	0	0	0	0.4	0.8	4.5	7.6	8.5	9.1	8.8	7.7	8.0	9.6	8.7	6.3	6.1	4.3	3.9	2.9	1.7	0.9	0
주차 유출 교통 (1일 유출 교통량 중 비율 %)	0	0	0	0	0	0	0.2	0.4	3.4	7.2	7.7	9.1	8.7	7.7	8.4	8.9	8.6	7.3	6.1	4.6	3.7	3.4	2.8	19
주차점유 (1일 유출 교통량 중 비율 %)	0	0	0	0	0	0	1	5	9	11	12	12	11	11	12	12	10	9	7	6	5	4	2	0
단기주차 (주차 점유 %)	0	0	0	0	0	0	20	30	58	72	74	78	79	80	83	83	85	76	66	65	56	50	42	0

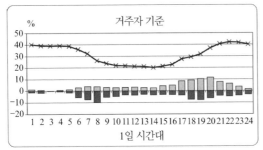

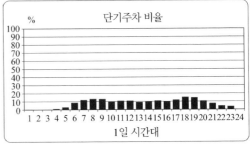

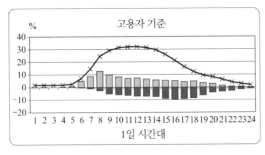

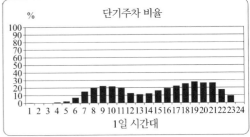

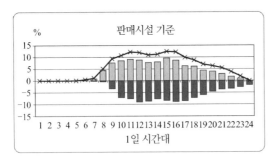

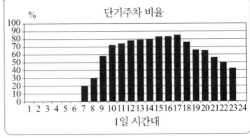

▤ 유입 교통(%) 일 발생교통량
▉ 유출 교통(%) 일 발생교통량
✳ 주차공간 점유(%) 일 발생교통량
▌ 단기주차(%) 주차공간 점유

그림 C.3 부도심 중심지역의 시간대별 주차수요 분포도

표 C.5 대도시 부도심 중심지역의 시간대별 주차수요 분포

지표 \ 시간대	1:00	2:00	3:00	4:00	5:00	6:00	7:00	8:00	9:00	10:00	11:00	12:00	13:00	14:00	15:00	16:00	17:00	18:00	19:00	20:00	21:00	22:00	23:00	24:00
거주자																								
주차 유입 교통 (1일 유출 교통량 중 비율 %)	0.6	0	0	0.8	3.0	4.5	5.0	3.9	3.1	2.7	2.9	3.9	2.2	2.7	4.8	4.7	10.3	13.0	10.0	9.5	7.7	3.7	0.8	0.5
주차 유출 교통 (1일 유출 교통량 중 비율 %)	0.4	0.2	0.1	0	1.1	3.4	10.5	11.0	7.2	6.4	4.8	3.9	3.6	2.3	2.7	3.2	4.0	5.3	7.6	5.2	3.6	5.4	4.6	3.8
주차점유 (1일 유출 교통량 중 비율 %)	43	43	43	44	46	47	42	34	30	27	25	25	23	24	26	27	34	41	44	48	52	50	42	43
단기주차 (주차 점유 %)	0	0	0	1	5	11	13	15	15	11	12	10	7	10	11	9	7	12	11	7	9	4	1	0
고용자																								
주차 유입 교통 (1일 유출 교통량 중 비율 %)	0	0	0	0.1	1.9	7.7	11.3	11.0	9.7	7.7	7.0	6.5	4.8	5.5	5.3	4.2	4.7	4.6	3.6	2.2	1.9	0.2	0.1	0
주차 유출 교통 (1일 유출 교통량 중 비율 %)	0	0	0	0	0	0.3	1.6	3.4	5.3	7.1	8.5	6.9	7.7	7.1	8.1	9.8	8.4	5.4	5.9	3.8	2.3	4.3	3.4	0.8
주차점유 (1일 유출 교통량 중 비율 %)	2	2	2	2	4	11	21	28	33	33	32	32	29	27	24	19	15	14	12	10	10	6	3	2
단기주차 (주차 점유 %)	0	0	0	1	3	6	13	20	23	19	17	12	10	14	17	20	23	25	19	17	16	14	2	0
판매시설																								
주차 유입 교통 (1일 유출 교통량 중 비율 %)	0	0	0	0	0.1	0.7	1.3	4.6	9.8	9.3	8.8	7.1	6.5	8.1	9.7	7.9	6.5	7.1	3.8	3.9	2.8	1.7	0.3	0
주차 유출 교통 (1일 유출 교통량 중 비율 %)	0	0	0	0	0	0	0.2	0.6	3.6	8.2	8.7	9.2	8.2	6.6	7.5	9.2	7.8	6.8	5.8	4.4	3.7	4.0	4.3	1.3
주차점유 (1일 유출 교통량 중 비율 %)	0	0	0	0	0	1	2	6	12	13	13	11	10	11	13	12	11	11	9	8	8	5	1	0
단기주차 (주차 점유 %)	0	0	0	0	0	0	20	34	54	67	68	79	80	79	76	74	71	60	43	39	32	26	14	0

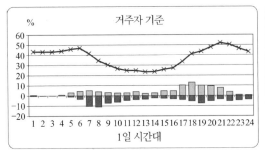

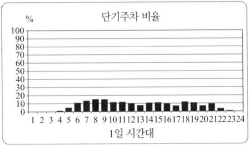

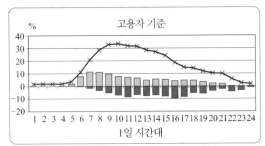

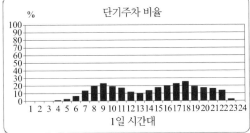

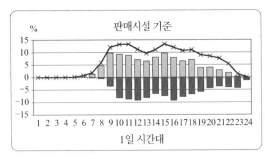

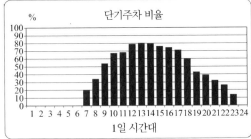

유입 교통(%) 일 발생교통량
유출 교통(%) 일 발생교통량
주차공간 점유(%) 일 발생교통량
단기주차(%) 주차공간 점유

그림 C-4 대도시 부도심 중심지역의 시간대별 주차수요 분포도

표 C.6 부도심 구도심의 시간대별 주차수요 분포

지표＼시간대	1:00	2:00	3:00	4:00	5:00	6:00	7:00	8:00	9:00	10:00	11:00	12:00	13:00	14:00	15:00	16:00	17:00	18:00	19:00	20:00	21:00	22:00	23:00	24:00
거주자																								
주차 유입 교통 (1일 유출 교통량 중 비율 %)	1.3	0.2	0.1	1.0	1.4	4.0	3.2	2.9	2.8	2.4	3.3	3.9	2.5	2.8	5.0	5.7	9.0	12.6	10.3	9.4	6.3	4.7	3.0	2.3
주차 유출 교통 (1일 유출 교통량 중 비율 %)	2.4	0.6	0.3	0.2	1.3	5.6	9.0	10.9	6.9	6.3	3.9	4.2	3.1	2.9	3.2	3.0	3.4	6.5	6.8	5.8	3.8	3.6	3.7	2.7
주차점유 (1일 유출 교통량 중 비율 %)	59	58	58	59	59	58	52	44	40	36	35	35	34	34	36	39	44	51	54	58	60	61	60	60
단기주차 (주차 점유 %)	0	0	0	1	1	4	5	7	6	4	5	5	4	5	5	5	6	7	5	3	2	1	0	
고용자																								
주차 유입 교통 (1일 유출 교통량 중 비율 %)	0.1	0	0	0.2	1.2	5.2	7.1	11.6	10.6	7.2	7.5	7.8	6.6	5.9	5.2	5.5	4.6	5.6	3.9	2.4	1.2	0.5	0.3	0.1
주차 유출 교통 (1일 유출 교통량 중 비율 %)	0.1	0	0	0	0.1	0.4	1.1	2.6	5.5	5.8	5.9	6.0	7.0	7.4	8.6	10.5	9.2	8.9	5.8	5.3	3.1	3.2	2.1	1.5
주차점유 (1일 유출 교통량 중 비율 %)	3	3	3	3	4	9	15	24	29	31	32	34	34	32	29	24	19	16	14	11	9	6	4	3
단기주차 (주차 점유 %)	0	0	0	1	1	5	14	17	18	15	13	11	10	12	13	16	20	22	21	17	15	11	4	0
판매시설																								
주차 유입 교통 (1일 유출 교통량 중 비율 %)	0	0	0	0	0.1	0.5	0.8	4.2	8.3	8.1	8.9	8.7	7.3	8.6	8.7	8.2	7.6	7.4	4.8	4.0	2.2	1.2	0.5	0
주차 유출 교통 (1일 유출 교통량 중 비율 %)	0	0	0	0	0	0	0.1	0.4	3.4	7.0	7.6	8.5	8.6	7.6	8.7	8.9	9.2	7.2	6.2	5.5	3.6	3.3	2.6	1.7
주차점유 (1일 유출 교통량 중 비율 %)	0	0	0	0	0	1	1	5	10	11	12	13	11	12	12	12	10	10	9	7	6	4	2	0
단기주차 (주차 점유 %)	0	0	0	0	0	0	20	31	62	71	75	83	80	85	85	86	87	82	67	52	45	36	32	0

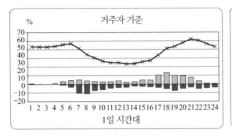

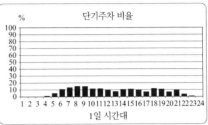

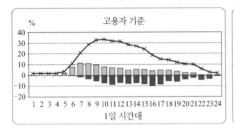

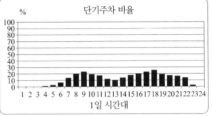

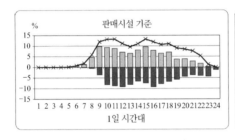

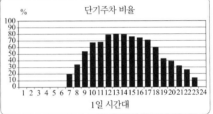

▥ 유입 교통(%) 일 발생교통량
■ 유출 교통(%) 일 발생교통량
✕ 주차공간 점유(%) 일 발생교통량
■ 단기주차(%) 주차공간 점유

그림 C.5 부도심 구도심의 시간대별 주차수요 분포도

표 C.7 순수 주거지역의 시간대별 주차수요 분포

시간대 지표	1: 00	2: 00	3: 00	4: 00	5: 00	6: 00	7: 00	8: 00	9: 00	10: 00	11: 00	12: 00	13: 00	14: 00	15: 00	16: 00	17: 00	18: 00	19: 00	20: 00	21: 00	22: 00	23: 00	24: 00
거주자																								
주차 유입 교통 (1일 유출 교통량 중 비율 %)	0.8	0	0	0.7	1.2	1.8	3.9	4.7	3.5	3.5	5.0	7.0	5.5	5.2	5.1	6.9	9.3	10.3	7.3	7.0	4.3	3.9	2.2	0.9
주차 유출 교통 (1일 유출 교통량 중 비율 %)	0.7	0.4	0	0.3	1.6	5.3	6.7	9.1	5.0	5.0	4.0	4.6	6.1	5.0	5.4	4.6	5.8	6.1	5.7	4.9	4.7	3.8	2.9	2.5
주차점유 (1일 유출 교통량 중 비율 %)	41	41	41	41	41	37	34	30	28	27	28	30	30	30	30	32	35	40	41	43	43	43	42	41
단기주차 (주차 점유 %)	0	0	0	1	1	4	5	3	7	7	13	15	12	12	11	12	13	12	7	5	6	4	3	0

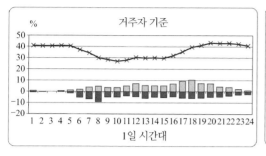
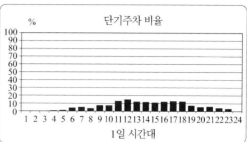

그림 C.6 순수 주거지역의 시간대별 주차수요 분포도

범례:
- 유입 교통(%) 일 발생교통량
- 유출 교통(%) 일 발생교통량
- 주차공간 점유(%) 일 발생교통량
- 단기주차(%) 주차공간 점유

표 C.8 상업과 산업단지의 시간대별 주차수요 분포

지표 \ 시간대	1:00	2:00	3:00	4:00	5:00	6:00	7:00	8:00	9:00	10:00	11:00	12:00	13:00	14:00	15:00	16:00	17:00	18:00	19:00	20:00	21:00	22:00	23:00	24:00
고용자																								
주차 유입 교통 (1일 유출 교통량 중 비율 %)	0.5	0.2	0	0.2	3.4	8.4	21.4	25.5	8.6	1.8	1.8	2.5	4.3	4.1	3.4	0.7	1.4	3.2	3.2	1.6	2.0	0.9	0.9	0
주차 유출 교통 (1일 유출 교통량 중 비율 %)	0.2	0	0	0	1.4	3.2	2.9	5.0	3.6	2.3	2.0	3.6	5.7	7.5	16.8	21.8	5.7	5.7	3.6	3.4	2.7	2.3	0.7	
주차점유 (1일 유출 교통량 중 비율 %)	17	17	17	17	20	28	46	68	72	70	70	70	71	69	65	49	29	26	24	22	20	18	17	16
단기주차 (주차 점유 %)	0	0	0	0	4	4	3	3	3	1	1	1	3	3	2	1	1	1	1	1	1	1	0	0

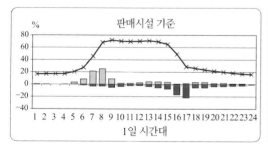
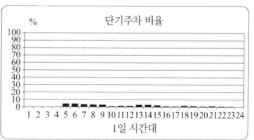

범례:
- 유입 교통(%) 일 발생교통량
- 유출 교통(%) 일 발생교통량
- 주차공간 점유(%) 일 발생교통량
- 단기주차(%) 주차공간 점유

그림 C.7 상업과 산업단지의 시간대별 주차수요 분포도

표 C.9 지방부 소규모 마을의 시간대별 주차수요 분포

지표 / 시간대	1:00	2:00	3:00	4:00	5:00	6:00	7:00	8:00	9:00	10:00	11:00	12:00	13:00	14:00	15:00	16:00	17:00	18:00	19:00	20:00	21:00	22:00	23:00	24:00
거주자																								
주차 유입 교통 (1일 유출 교통량 중 비율 %)	0.2	0	0	0.2	2.5	3.9	3.6	3.4	3.4	2.8	3.0	3.9	2.9	4.0	4.7	0.7	8.2	10.1	10.8	12.3	7.4	3.7	1.8	1.3
주차 유출 교통 (1일 유출 교통량 중 비율 %)	0.3	0	0	0.1	0.6	3.2	5.8	6.2	6.9	5.6	4.9	3.9	4.0	3.1	3.1	4.2	4.1	6.9	7.8	7.8	7.6	6.5	5.0	2.2
주차점유 (1일 유출 교통량 중 비율 %)	28	28	28	29	30	31	29	26	23	20	18	18	17	18	19	21	25	28	31	36	35	33	29	29
단기주차 (주차 점유 %)	0	0	0	1	6	11	16	21	22	16	16	16	16	20	20	16	16	18	22	17	14	8	4	0
고용자																								
주차 유입 교통 (1일 유출 교통량 중 비율 %)	0	0	0	0	1.8	5.5	5.7	11.1	9.4	8.4	8.1	5.7	6.5	8.5	6.2	5.0	4.0	4.7	3.9	3.3	1.5	0.4	0.2	0
주차 유출 교통 (1일 유출 교통량 중 비율 %)	0	0	0	0	0	0.3	0.9	2.0	5.6	6.7	7.0	6.6	7.1	7.5	6.4	11.2	8.4	6.7	6.4	4.7	3.9	4.4	3.5	0.8
주차점유 (1일 유출 교통량 중 비율 %)	1	1	1	1	3	8	13	22	26	27	29	28	27	28	28	22	17	15	13	11	9	5	2	1
단기주차 (주차 점유 %)	0	0	0	1	3	6	16	22	24	21	16	14	15	17	19	21	22	22	24	25	24	20	9	0
판매시설																								
주차 유입 교통 (1일 유출 교통량 중 비율 %)	0	0	0	0	0.1	0.4	0.8	4.3	8.3	8.1	7.6	7.7	8.6	8.9	9.6	8.1	6.6	6.1	5.2	5.1	2.7	1.1	0.6	0
주차 유출 교통 (1일 유출 교통량 중 비율 %)	0	0	0	0	0	0.2	0.3	3.3	7.2	7.4	7.3	8.2	7.4	8.9	10.2	9.1	6.5	5.1	4.7	4.3	4.4	4.1	1.3	
주차점유 (1일 유출 교통량 중 비율 %)	0	0	0	0	0	1	5	10	11	11	12	12	13	14	12	10	9	9	10	8	5	1	0	
단기주차 (주차 점유 %)	0	0	0	0	0	20	33	57	68	67	68	68	77	79	80	71	66	50	44	41	32	28	0	

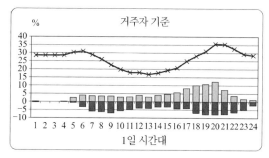

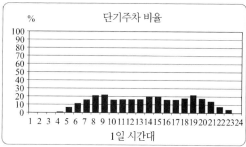

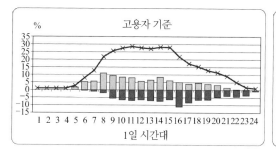

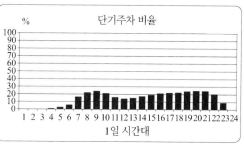

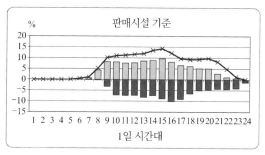

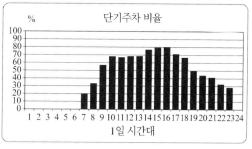

▯ 유입 교통(%) 일 발생교통량
▮ 유출 교통(%) 일 발생교통량
✕ 주차공간 점유(%) 일 발생교통량
▮ 단기주차(%) 주차공간 점유

그림 C.8 **지방부 소규모 마을의 시간대별 주차수요 분포도**

설계기준 차량

표 D.1 주차장 설계기준 차량 제원

차종	외부 주차면 규격						
	길이 (m)	축간거리 (m)	내민거리		폭원 (m)	높이 (m)	회전반경 (m)
			앞(m)	뒤(m)			
자전거	1.90				0.60	1.00	
Moped	1.80				0.60	1.00	
모터사이클	2.20				0.70	1.00	
승용차	4.74	2.70	0.94	1.10	1.76	1.51	5.85
트럭							7.35
운송자	6.89	3.95	0.96	1.98	2.17	2.70	9.77
소형트럭(2축)	9.46	5.20	1.40	2.86	2.29	3.80	10.05
대형트럭(3축)	10.10	5.30	1.48	3.32	2.55	3.80	
로드 트레인	18.71						10.30
견인차량(2축)	9.70	5.28	1.50	2.92	2.55	4.00	
트레일러(3축)	7.45	4.84	1.35	1.26	2.55	4.00	
견인차	16.50						7.90
견인차량(2축)	6.08	3.80	1.43	0.85	2.55	4.00	
트레일러(3축)	13.61	7.75	1.61	4.25	2.55	4.00	
버스							
12.0 m 노선버스	12.00	5.80	2.85	3.35	2.55	3.70	10.50
13.7 m 노선버스	13.70	6.35	2.87	4.48	2.55	3.70	11.25
15.0 m 노선버스	14.95	6.95	3.40	4.90	2.55	3.70	11.95
연결식 버스	17.99	5.98/5.99	2.65	3.37	2.55	2.95	11.80
폐기물 운송차							
2축(2Mü)	9.03	4.60	1.35	3.08	2.55	3.55	9.40
3축(3Mü)	9.90	4.77	1.53	3.60	2.55	3.55	10.25
3축(3MüN)	9.95	3.90	1.35	4.70	2.55	3.55	8.60
도로교통의 최댓값							
모터차량	12.00				2.55	4.00	12.50
트레일러	12.00						
로드트레인	18.75						
견인차	16.50						
연결버스	18.00						

E. 승용차 주차면 구획

	일방통행만 가능 (3.00 m ≤ g < 4.50 m)		양방통행 가능 (g < 4.50 m)
A_e		A_z	
B_e		B_z	
C_e	인접 차도 가변 운행방향 동일 운행방향	C_z	
D_e		D_z	

그림 E.1 승용차-주차면 표준 구획

표 E.1 승용차-주차면 주차모듈 규격

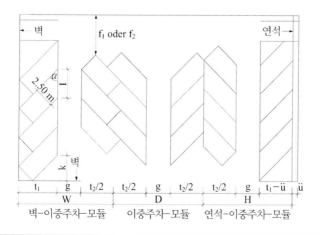

(계속)

주차각	후방	주차면 길이	내민 폭원	주차면 길이			차도 폭원	모듈			차도 폭원	
				차도벽	차도-차도	차도 연석		벽-이중 주차	이중 주차	연석-이중주차	일방 통행	양방 통행
α(gon)	k(m)	l(m)	ü(m)	t_1(m)	t_2(m)	t_1, ü(m)	g(m)	W(m)	D(m)	H(m)	f_1(m)	f_2(m)
0	3.00	5.70	(0.50)	2.50	4.45	2.00	3.50	8.25	8.00	7.75	3.00	4.50
50	3.54	3.54	0.70	4.85	8.25	4.15	3.00	12.00	11.25	11.30	3.00	4.50
60	2.94	3.09	0.70	5.15	9.00	4.45	3.50	13.15	12.50	12.45	3.00	4.50
70	2.27	2.81	0.70	5.30	9.60	4.60	4.00	14.10	13.60	13.40	3.00	4.50
80	1.54	2.63	0.70	5.35	9.90	4.65	4.50	14.80	14.40	14.10	3.00	4.50
90	0.78	2.53	0.70	5.25	10.00	4.55	5.25	15.50	15.25	14.80	3.00	4.50
100	0.35	2.50	0.70	5.00	9.85	4.30	6.00	15.95	15.85	15.25	3.00	4.50

표 E.2 6.0 m와 32.55 m 폭원간 이용 가능면적에 대한 주차면 구획

구분	이용 폭원(m)	α(gon)	t_1(m)	g(m)	α(gon)	t_2(m)	g(m)	t_1(m)	α(gon)	100m²당 주차면
A_e	6.00	0	2.50	3.50						2.8
	7.85	50	4.85	3.00						3.5
	8.65	60	5.15	3.50						3.6
	9.30	70	5.30	4.00						3.7
A_f	9.85	80	5.35	4.50						3.8
	10.50	90	5.25	5.25						3.8
	11.00	100	5.00	6.00						3.6
B_c	8.50	0	2.50	3.50				2.50	0	4.0
	10.85	0	2.50	3.50				4.85	50	4.0
	11.15	0	2.50	3.50				5.15	60	4.3
	11.80	0	2.50	4.00				5.30	70	4.4
	12.70	50	4.85	3.00				4.85	50	4.3
	13.50	50	4.85	3.50				5.15	60	4.3
	13.80	60	5.15	3.50				5.15	60	4.6
	14.15	50	4.85	4.00				5.30	70	4.4
	14.45	60	5.15	4.00				5.30	70	4.6
	14.60	70	5.30	4.00				5.30	70	4.8
B_z	12.35	0	2.50	4.50				5.35	80	4.4
	13.00	0	2.50	5.25				5.25	90	4.3
	13.50	0	2.50	6.00				5.00	100	4.2
	14.70	50	4.85	4.50				5.35	80	4.4
	15.00	60	5.15	4.50				5.35	80	4.6
	15.20	80	5.35	4.50				5.35	80	5.0
	15.35	50	4.85	5.25				5.25	90	4.3
	15.75	90	5.25	5.25				5.25	90	5.0
	16.00	100	5.00	6.00				5.00	100	5.0
	16.25	90	5.25	6.00				5.00	100	4.9
	16.35	80	5.35	6.00				5.00	100	4.7

(계속)

구분	이용 폭원(m)	α(gon)	t₁(m)	g(m)	α(gon)	t₂(m)	g(m)	t₁(m)	α(gon)	100m²당 주차면
C_e	13.95	0	2.50	3.50	0	4.45	3.50			3.6
	16.30	50	4.85	3.50	0	4.45	3.50			3.7
	16.60	60	5.15	3.50	0	4.45	3.50			3.9
	17.25	0	2.50	3.50	50	8.25	3.00			4.1
	17.80	80	5.35	4.50	0	4.45	3.50			4.0
	18.50	0	2.50	3.50	60	9.00	3.50			4.3
	19.10	50	4.85	3.00	50	8.25	3.00			4.3
	19.90	60	5.15	3.50	50	8.25	3.00			4.3
	20.10	0	2.50	4.00	70	9.60	4.00			4.3
	20.55	70	5.30	4.00	50	8.25	3.00			4.3
	20.85	50	4.85	3.50	60	9.00	3.50			4.3
	21.15	60	5.15	3.50	60	9.00	3.50			4.5
	21.80	70	5.30	4.00	60	9.00	3.50			4.5
	22.35	80	5.35	4.50	60	9.00	3.50			4.5
	22.75	60	5.15	4.00	70	9.60	4.00			4.4
	22.90	70	5.30	4.00	70	9.60	4.00			4.6
	23.00	90	5.25	5.25	60	9.00	3.50			4.4
	23.45	80	5.35	4.50	70	9.60	4.00			4.6
	24.10	90	5.25	5.25	70	9.60	4.00			4.5
	24.60	100	5.00	6.00	70	9.60	4.00			4.5
C_z	21.40	0	2.50	4.50	80	9.90	4.50			4.3
	23.00	0	2.50	5.25	90	10.00	5.25			4.1
	23.75	50	4.85	4.50	80	9.90	4.50			4.3
	24.05	60	5.15	4.50	80	9.90	4.50			4.4
	24.25	80	5.35	4.50	80	9.90	4.50			4.7
	24.90	90	5.25	5.25	80	9.90	4.50			4.6
	25.40	100	5.00	6.00	80	9.90	4.50			4.5
	25.75	90	5.25	5.25	90	10.00	5.25			4.6
	26.25	100	5.00	6.00	90	10.00	5.25			4.5
	26.85	100	5.00	6.00	100	9.85	6.00			4.5
	27.10	90	5.25	6.00	100	9.85	6.00			4.4
D_e	16.45	0	2.50	3.50	0	4.45	3.50	2.50	0	4.1
	18.80	0	2.50	3.50	0	4.45	3.50	4.85	50	4.2
	19.10	0	2.50	3.50	0	4.45	3.50	5.15	60	4.3
	19.75	0	2.50	3.50	0	4.45	4.00	5.30	70	4.3
	20.25	0	2.50	3.50	50	8.25	3.50	2.50	0	4.4
	21.00	0	2.50	3.50	60	9.00	3.50	2.50	0	4.6
	21.45	50	4.85	3.50	0	4.45	3.50	5.15	60	4.3
	21.75	60	5.15	3.50	0	4.45	3.50	5.15	60	4.5
	22.10	0	2.50	3.50	50	8.25	3.00	4.85	50	4.5
	22.40	60	5.15	3.50	0	4.45	4.00	5.30	70	4.5
	22.60	0	2.50	4.00	70	9.60	4.00	2.50	0	4.6
	22.90	0	2.50	3.50	50	8.25	3.50	5.15	60	4.5
	23.05	70	5.30	4.00	0	4.45	4.00	5.30	70	4.5

(계속)

구분	이용 폭원(m)	α(gon)	t_1(m)	g(m)	α(gon)	t_2(m)	g(m)	t_1(m)	α(gon)	100m²당 주차면
D_e	23.35	0	2.50	3.50	60	9.00	3.50	4.85	50	4.6
	23.65	0	2.50	3.50	60	9.00	3.50	5.15	60	4.7
	23.80	50	4.85	3.50	0	4.45	6.00	5.00	100	4.3
	23.95	50	4.85	3.00	50	8.25	3.00	4.85	50	4.6
	24.30	0	2.50	3.50	60	9.00	4.00	5.30	70	4.7
	24.75	50	4.85	3.00	50	8.25	3.50	5.15	60	4.6
	25.25	0	2.50	4.00	70	9.60	4.00	5.15	60	4.7
	25.40	0	2.50	4.00	70	9.60	4.00	5.30	70	4.8
	25.55	60	5.15	3.50	50	8.25	3.50	5.15	60	4.7
	25.70	50	4.85	3.50	60	9.00	3.50	4.85	50	4.6
	26.00	50	4.85	3.50	60	9.00	3.50	5.15	60	4.7
	26.30	60	5.15	3.50	60	9.00	3.50	5.15	60	4.8
	26.55	50	4.85	3.00	50	8.25	5.25	5.20	90	4.6
	26.85	70	5.30	4.00	50	8.25	4.00	5.30	70	4.6
	26.95	60	5.15	3.50	60	9.00	4.00	5.30	70	4.8
	27.10	0	2.50	4.00	70	9.60	6.00	5.00	100	4.7
	27.30	50	4.85	4.00	70	9.60	4.00	4.85	50	4.7
	27.40	70	5.30	4.00	50	8.25	4.50	5.35	80	4.6
	27.60	70	5.30	4.00	60	9.00	4.00	5.30	70	4.8
	27.75	50	4.85	4.00	70	9.60	4.00	5.30	70	4.8
	27.90	60	5.15	4.00	70	9.60	4.00	5.15	60	4.8
	28.05	60	5.15	4.00	70	9.60	4.00	5.30	70	4.8
	28.20	70	5.30	4.00	70	9.60	4.00	5.30	70	4.9
	28.35	50	4.85	3.50	60	9.00	6.00	5.00	100	4.6
	28.75	70	5.30	4.00	70	9.60	4.50	5.35	80	4.9
	28.95	50	4.85	4.00	70	9.60	5.25	5.25	90	4.7
	29.45	50	4.85	4.00	70	9.60	6.00	5.00	100	4.7
	29.75	60	5.15	4.00	70	9.60	6.00	5.00	100	4.7
	29.90	70	5.30	4.00	70	9.60	6.00	5.00	100	4.8
D_z	23.90	0	2.50	4.50	80	9.90	4.50	2.50	0	4.6
	24.15	80	5.35	4.50	0	4.45	4.50	5.35	80	4.5
	24.80	80	5.35	4.50	0	4.45	5.25	5.25	90	4.5
	25.50	0	2.50	5.25	90	10.00	5.25	2.50	0	4.4
	25.95	90	5.25	5.25	0	4.45	6.00	5.00	100	4.4
	26.25	0	2.50	4.50	80	9.90	4.50	4.85	50	4.5
	26.55	0	2.50	4.50	80	9.90	4.50	5.15	60	4.7
	26.75	0	2.50	4.50	80	9.90	4.50	5.35	80	4.9
	26.85	0	2.50	6.00	100	9.85	6.00	2.50	0	4.3
	27.40	0	2.50	4.50	80	9.90	5.25	5.25	90	4.8
	27.90	0	2.50	4.50	80	9.90	6.00	5.00	100	4.7
	28.15	0	2.50	5.25	90	10.00	5.25	5.15	60	4.5
	28.35	0	2.50	5.25	90	10.00	5.25	5.35	80	4.7
	28.60	80	5.35	4.50	50	8.25	5.25	5.25	90	4.6
	28.75	0	2.50	5.25	90	10.00	6.00	5.00	100	4.7

(계속)

구분	이용 폭원(m)	α(gon)	t₁(m)	g(m)	α(gon)	t₂(m)	g(m)	t₁(m)	α(gon)	100m²당 주차면
D_z	29.10	50	4.85	4.50	80	9.90	4.50	5.35	80	4.8
	29.30	80	5.35	4.50	70	9.60	4.50	5.35	80	5.0
	29.60	80	5.35	4.50	80	9.90	4.50	5.35	80	5.1
	29.75	50	4.85	4.50	80	9.90	5.25	5.25	90	4.8
	29.95	80	5.35	4.50	70	9.60	5.25	5.25	90	4.9
	30.25	80	5.35	4.50	80	9.90	5.25	5.25	90	5.0
	30.45	80	5.35	4.50	70	9.60	6.00	5.00	100	4.8
	30.60	90	5.25	5.25	70	9.60	5.25	5.25	90	4.9
	30.75	80	5.35	4.50	80	9.90	6.00	5.00	100	5.0
	30.90	90	5.25	5.25	80	9.90	5.25	5.25	90	5.0
	31.00	90	5.25	5.25	90	10.00	5.25	5.25	90	5.1
	31.20	80	5.35	5.25	90	10.00	5.25	5.35	80	4.9
	31.40	90	5.25	5.25	80	9.90	6.00	5.00	100	4.9
	31.50	90	5.25	5.25	90	10.00	6.00	5.00	100	5.0
	31.70	50	4.85	6.00	100	9.85	6.00	5.00	100	4.7
	31.85	100	5.00	6.00	100	9.85	6.00	5.00	100	5.0
	32.10	90	5.25	6.00	100	9.85	6.00	5.00	100	5.0
	32.20	80	5.35	6.00	100	9.85	6.00	5.00	100	4.9
	32.35	90	5.25	6.00	100	9.85	6.00	5.25	90	4.9
	32.55	80	5.35	6.00	100	9.85	6.00	5.35	80	4.8

F. 기계식과 자동식 주차시스템

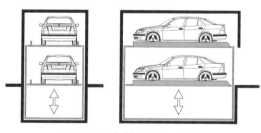

그림 F.1 지하층이 있는 plate

그림 F.2 지하층이 없는 plate

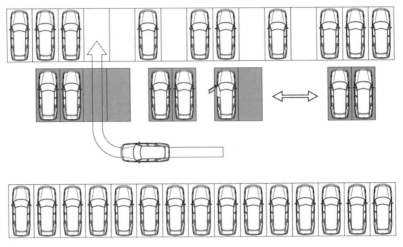

그림 F.3 횡축 이동 주차 Plate

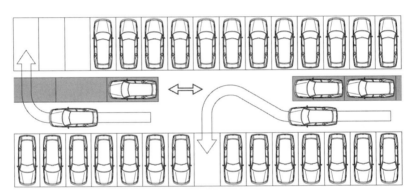

그림 F.4 종축 이동 주차 Plate

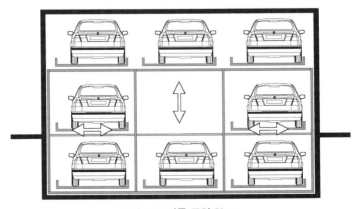

그림 F.5 이동 주차 Plate

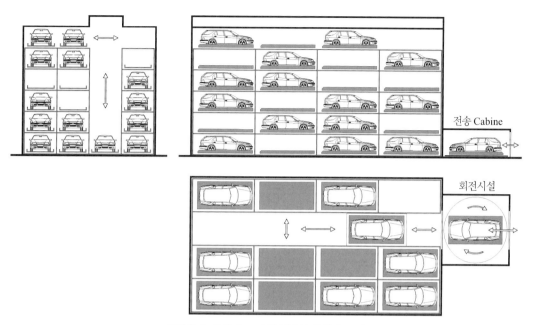

전송 Cabine

회전시설

그림 F.6 고층 Regal 건설방식 주차 Regal

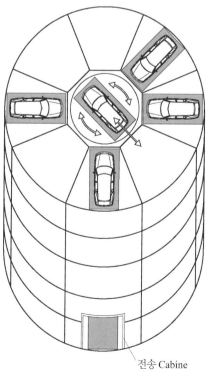

전송 Cabine

그림 F.7 탑형(塔型) 주차 Regal(주차 Cylinder)

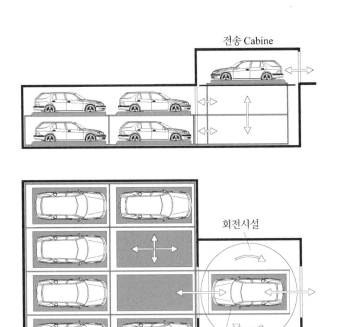

그림 F.8 수평 전환 주차기

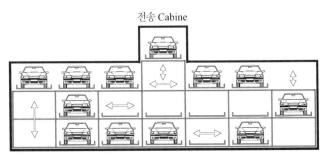

그림 F.9 수직 전환 주차기

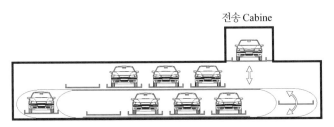

그림 F.10 수평 순환 주차기

G. 주차면 포장 상세 구조

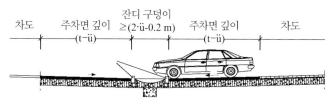

그림 G.1 강 포장(콘크리트 플라스터)

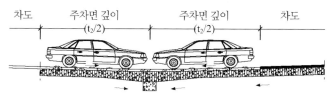

그림 G.2 연약포장

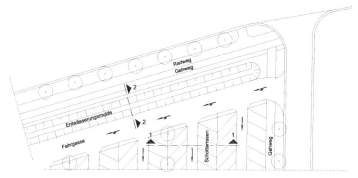

단면 1-1

단면 2-2

그림 G.3 주차면 배수설계

H. 주차안내시스템

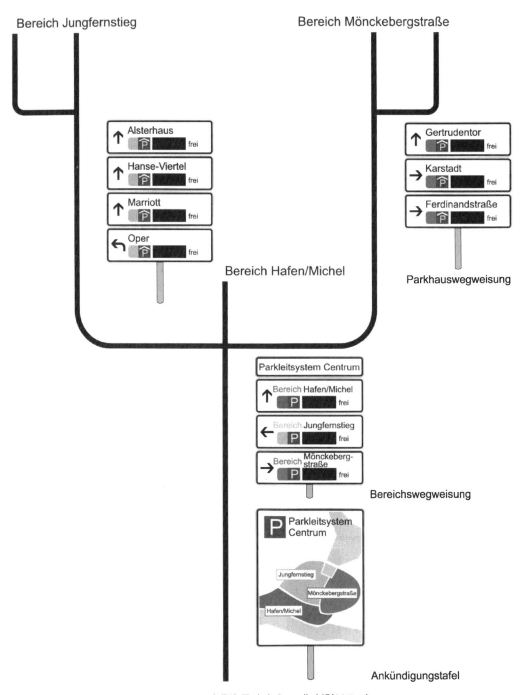

그림 H.1 위계별 목적지 유도 예시 (함부르크)

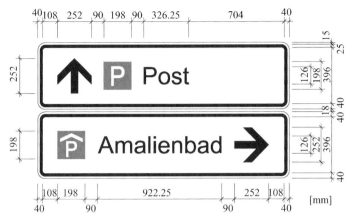

그림 H.2 정적 주차안내표지판의 설치 규격(칼스루헤)

그림 H.3 방향안내와 연계된 정적 주차안내표지판의 설치 규격(츠비카우)

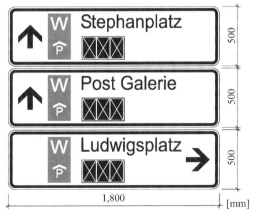

그림 H.4 동적 주차안내표지판의 설치 규격(칼스루헤)

Wendeprismen/Schriftflächen (Stadt Amberg)

Glasfaser/Bildpunkte (Stadt Baden-Baden)

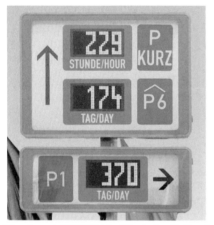

Kippelemente/DOT-Matrix (Flughafen Stuttgart)

Kippelemente/7-Segment-Raster (Stadt Speyer)

Leuchtdioden (LED)/7-Segment-Raster (Stadt Krefeld)

Flüssigkristalle (LCD)/Bildpunkte (Stadt Köln)

그림 H.5 동적 주차안내시스템의 다양한 기술적 설치의 안내표지판 예시

교통기술적 설계의 기초자료

I.1 진출입구의 설계기준 교통량 지침

표 I.1 설계기준 교통량 지침

이용자그룹		설계교통량 원단위 (승용차/대와 주차면)						설 명
		부터	진입	까지	부터	진출	까지	
고용자와 연수생	고정 직업	1.00	1.30	1.60	0.80	1.10	1.50	
	임시 직업	0.30	0.60	0.75	0.25	0.40	0.60	
학생		–	1.90	–	–	0.80	–	
고용자, 연수생, 학생, 대학생	P+R 시설 이용자	–	0.45	–	–	0.50	–	
CBD 고객	월요일–금요일, 토요일	0.30 0.40	0.40 0.70	0.55 0.90	0.30 0.40	0.45 0.60	0.70 0.80	
시장 고객	월요일–금요일, 토요일	0.60 0.80	1.45 1.00	2.10 1.20	0.60 0.80	1.40 0.95	2.25 1.20	판매면적 1,000에서 3,000 m² 의 간단한 범위
외곽 소규모 상점 고객	월요일–금요일, 토요일	0.60 0.75	0.75 0.85	0.80 0.95	1.05 –	1.10 0.65	1.25 –	판매면적 3,000에서 6,000 m² 의 품질이 보장된 제품의 범위 와 요구사항
전문 고객 상점	건설 월–금	1.60	2.10	2.80	2.20	2.35	2.50	판매면적 2,000에서 5,000 m² 이상
	건설 토요일	2.25	2.70	3.20		2.10		
	전기 월–금	1.00	1.15	1.25				
	가구 월–금	0.30	0.35	0.45				
	신발 월–금	–	0.20	–				
	어린이 월–금	–	1.00	–				
	운동 월–금	–	1.40	–				
전시장 고객	극장	0.90	1.00	1.10	1.00	1.20	1.30	전시 종료 후 이용객 특성에 따라 진출교통량 차이
	대형극장 화–목	–	0.25	–				
	대형극장 금–토	–	0.80	–				
	전시장	–	0.70	–	–	0.50	–	
	경기장	0.70	0.80	0.90	1.40	2.00	2.70	
	실내경기장	0.40	0.55	0.70	0.50	0.70	0.90	
여가시설 고객	물놀이장 평일	–	0.10	–				
	물놀이장 토요일	–	0.15	–				
	놀이공원	0.05	0.10	0.15	0.10	0.20	0.25	

I.2 징수시간과 징수시스템 용량

표 I.2 징수시간과 징수시스템 용량

관제 수단	진입			진출		
	징수시간(s)		용량 (승용차/대)	징수시간(s)		용량 (승용차/대)
	개별차량	후속차량		개별차량	후속차량	
단기주차						
신용카드	24.40	21.60	160	19.50	16.50	210
고객카드	16.40	16.70	210	24.90	22.00	160
수동	17.80	14.90	240		9.90	
칩 카드 타겟	10.90	10.40	340	11.10	10.60	360
마그넷, 바코드	13.30	12.30	290	11.60	14.00	340
마그넷	13.30	12.30	290	15.20	13.30	250
임대주차						
마그넷	15.50	15.20	235	14.70	13.30	270
마그넷 키	10.30	9.40	380	11.20	9.90	360

I.3 대기행렬

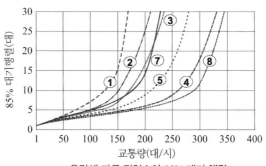

용량에 따른 진입수의 85% 대기 행렬

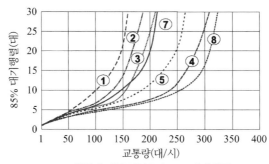

용량에 따른 진입수의 95% 대기 행렬

그림 I.1 진입구 교통량에 따른 다양한 통계적 안전성에 대한 대기행렬

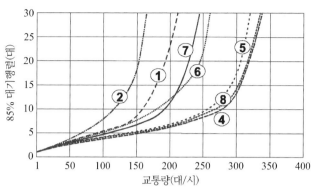

용량에 따른 진입수의 85% 대기 행렬

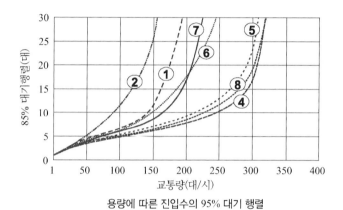

용량에 따른 진입수의 95% 대기 행렬

그림 I.2 진출구 교통량에 따른 다양한 통계적 안전성에 대한 대기행렬

I.4 주차장 교통류 서비스 수준

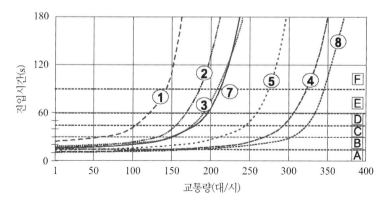

그림 I.3 진입구 교통량에 따른 다양한 징수시스템 별 평균 진입시간과 서비스 수준 A-F

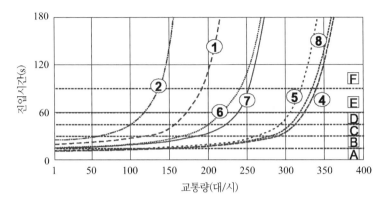

그림 I.4 진출구 교통량에 따른 다양한 징수시스템 별 평균 진출시간과 서비스 수준 A-F

J. 교통표지, 보조표지와 심볼

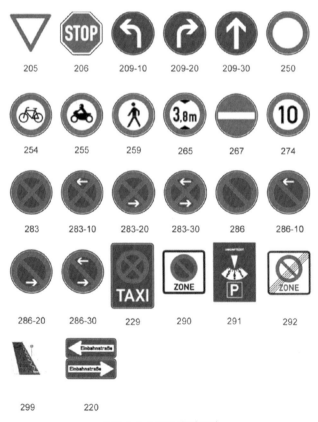

그림 J.1 StVO 우선표지

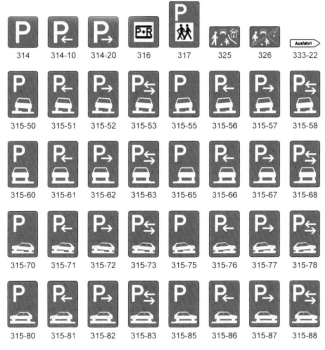

그림 J.2 StVO 방향표지

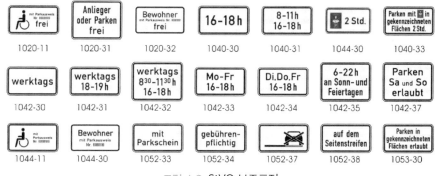

그림 J.3 StVO 보조표지

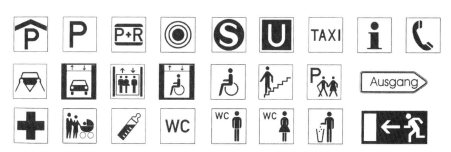

그림 J.4 주차시설 이용을 위한 심볼 선택

저자 소개

저자 독일 Forschungsgesellschaft für Strassen und Verkehrswesen(FGSV)
Arbeitsgruppe Verkehrsmanagement
Arbeitsausschuss: Verkehrsbeeinflussung innerorts
Arbeitskeis: Neufassung RiLSA
Leiter: Prof.Dr.-Ing. Friedrich

역자 **이선하** seonha@kongju.ac.kr
고려대학교 공과대학 토목공학과, 공학사
독일 Technische Universität Berlin 토목공학과, Dipl.-Ing.
독일 Technische Hochschule Karlsruhe 교통연구소, Dr.-Ing.
한국교통연구원 교통계획실 연구원
국토교통부 광역교통기획단 전문직 "가"급
LG-CNS CALS CIM 사업본부 ITS팀 부장
현　공주대학교 건설환경공학부 교수
저서 한국철도의 르네상스를 꿈꾸며
역서 교통신호체계론

주차설계론

2014년 8월 25일 제1판 1쇄 인쇄
2014년 8월 31일 제1판 1쇄 펴냄

지은이 FGSV
옮긴이 이선하
펴낸이 류제동
펴낸곳 **청문각**

편집국장 안기용 | 책임편집 우종현 | 본문디자인 디자인이투이
표지디자인 네임북스 | 제작 김선형 | 영업 함승형
출력 한국커뮤니케이션 | 인쇄 영프린팅 | 제본 한진제본

주소 413−120 경기도 파주시 교하읍 문발로 116 | 우편번호 413−120
전화 1644−0965(대표) | 팩스 070−8650−0965 | 홈페이지 www.cmgpg.co.kr
등록 2012. 11. 26. 제406−2012−000127호

ISBN 978−89−6364−210−9 (93530)
값 15,000원